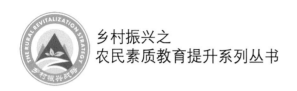

乡村振兴之
农民素质教育提升系列丛书

马铃薯 生产技术与
病虫草害防治图谱

◎ 王田明　曹慧明　主编

U0348258

中国农业科学技术出版社

图书在版编目（CIP）数据

马铃薯生产技术与病虫草害防治图谱 / 王田明，曹慧明主编 . —北京：中国农业科学技术出版社，2019. 7

乡村振兴之农民素质教育提升系列丛书

ISBN 978-7-5116-4103-8

Ⅰ . ①马… Ⅱ . ①王… ②曹… Ⅲ . ①马铃薯—栽培技术—图谱 ②马铃薯—病虫害防治—图谱 Ⅳ . ①S532-64 ②S435.32-64

中国版本图书馆 CIP 数据核字（2019）第 059276 号

责任编辑	张国锋
责任校对	马广洋

出 版 者	中国农业科学技术出版社
	北京市中关村南大街12号　　邮编：100081
电　　话	（010）82106631（编辑室）（010）82109702（发行部）
	（010）82109709（读者服务部）
传　　真	（010）82106631
网　　址	http: // www.castp.cn
经 销 者	全国各地新华书店
印 刷 者	北京建宏印刷有限公司
开　　本	880mm×1 230mm　1/32
印　　张	4
字　　数	128千字
版　　次	2019年7月第1版　　2020年7月第3次印刷
定　　价	32.00元

《马铃薯生产技术与病虫草害防治图谱》

························ 编委会 ························

主　编	王田明	曹慧明
副主编	叶永红	刘　峰
	刘海洪	
编　委	胡艳华	孙德发
	张海东	高　静

PREFACE 前 言

　　我国农作物病虫害种类多而复杂。随着全球气候变暖、耕作制度变化、农产品贸易频繁等多种因素的影响，我国农作物病虫害此起彼伏，新的病虫不断传入，田间为害损失逐年加重。许多重大病虫害一旦暴发，不仅对农业生产带来极大损失，而且对食品安全、人身健康、生态环境、产品贸易、经济发展乃至公共安全都有重大影响。因此，增强农业有害生物防控能力并科学有效地控制其发生和为害成为当前非常急迫的工作。

　　由于病虫防控技术要求高，时效性强，加之目前我国从事农业生产的劳动者，多数不具备病虫害识别能力，因混淆病虫害而错用或误用农药造成防效欠佳、残留超标、污染加重的情况时有发生，迫切需要一部通俗易懂、图文并茂的专业图书指导农民科学防控病虫害。鉴于此，我们组织全国各地经验丰富的培训教师编写了一套病虫害防治图谱。

　　本书为《马铃薯生产技术与病虫草害防治图谱》，主要包括马铃薯的特性和品种选择、马铃薯的常规生产技术、马铃薯的侵染性病害防治、马铃薯的非侵染性病害防治、马铃薯虫害防治、马铃薯草害防治等内容。首先，对马铃薯生产技术进行了简单介绍；接着精选了对马铃薯产量和品质影响较大的30多种病虫害，以彩色照片配合文字辅助说明的方式从病害（为害）特征、发生规律和防治方法等进行讲解；最后对马铃薯田中的常见杂草及防除方法进行了叙述。

本书通俗易懂、图文并茂、科学实用，适合各级农业技术人员和广大农民阅读，也可作为植保科研、教学工作者的参考用书。需要说明的是，书中病虫草害的农药使用量及浓度，可能会因为马铃薯的生长区域、品种特点及栽培方式的不同而有一定的区别。在实际使用中，建议读者以所购买产品的使用说明书为标准。

由于时间仓促，水平有限，书中存在的不足之处，欢迎指正，以便及时修订。

编　者

2019年2月

CONTENTS 目 录

第一章
马铃薯的特性和品种选择

一、马铃薯的形态特征

（一）马铃薯的根

马铃薯属浅根系作物，根系大部分分布在土壤表层，一般根系向外伸展范围较小，约50cm，根系分布在地表下30～40cm，最深可达70cm。

马铃薯因繁殖方法不同而使根系产生差别，用种子繁殖的根系有主根，从主根上生出许多侧根，侧根上有支根和毛根，主根和侧根有明显的区别。由于种子较小，初期形成的主根和侧根很不发达，所以幼苗生长缓慢。

用块茎繁殖发出的根都为须根，无主根、侧根区别。随着植株的生长，须根逐渐增多，形成强大的根系（图1-1）。须根又分为两种：一是靠芽眼处的茎基部3～4节所生的根，称为初生根，是主要的吸收根，分枝力很强；二是发生在地下匍匐茎周围的根，每个匍匐茎的节上生出3～4条，叫匍匐根，吸收磷肥的能力较强，专为薯块提供水分和养分，有利于块茎中淀粉的积累。

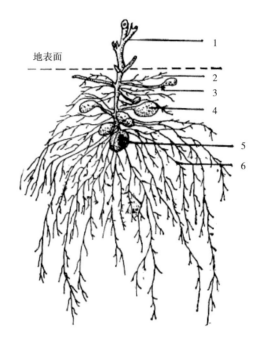

地表面

1
2
3
4
5
6

图1-1　马铃薯根系分部

1-地上茎；2-匍匐根；3-匍匐茎；4-块茎；5-母薯；6-芽眼根

（二）马铃薯的茎

马铃薯的茎可分为地上茎和地下茎，地下茎又分为匍匐茎和块茎。

1. 地上茎

幼苗出土后地上部的茎为地上茎。茎幼小时横断面为圆形，以后呈三棱形或四棱形。茎的棱边形成突起，称为翼。茎翼有直形翼与波形翼之分，是识别马铃薯种的标志之一。茎绿色，有的茎为花青素掩蔽，呈淡紫色，是区别品种的重要特征。早熟品种植株较矮，茎高50cm左右，茎细弱，分枝较少而节位较高；中晚熟品种植株高大，茎高100cm左右，茎比较粗壮，节间长，分枝较多，多产生于茎的基部。

2. 匍匐茎

块茎发芽出苗后形成植株，地表以下的茎为地下茎。地下茎节间很短，在节间处生出根和匍匐茎。匍匐茎也称走茎，是茎的变态，是形成块茎的器官。匍匐茎呈白色，其长短因品种不同差异很大，一般3~10cm，早熟品种较短，晚熟品种较长。在高温多湿、氮肥过量或培土过晚、过浅时，匍匐茎易露出地面而成为地上茎，从而形不成块茎而降低马铃薯产量。

3. 块茎

由匍匐茎顶端积累大量养分，膨大而形成的变态茎，是马铃薯的主要经济器官，同时又是繁殖器官（图1-2）。块茎与匍匐茎连接的一端称为脐部（又称尾部），另一端为顶部（又称头部）。块茎上产生芽眼，顶部芽眼密集，一般先发芽，有顶端优势；脐部芽眼较稀。块茎表面有气孔（皮孔），通过气孔与外界进行气体交换，维持块茎的正常代谢。

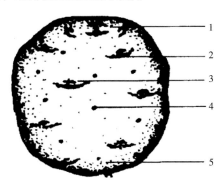

图1-2　马铃薯块茎

1-顶部；2-芽眉；3-芽眼；4-皮孔；5-脐部

优良品种薯形好，椭圆或长圆形，顶部不凹，脐部不陷，表皮光滑，芽眼浅而少，以便清洗和去皮加工或食用。块茎皮色有白、黄、红及紫色，肉色有白、黄、紫等。有时由于环境条件不良会产生畸形薯（图1-3），或在芽眼处继续膨大，形成小块茎，这种现象称为二次生长。

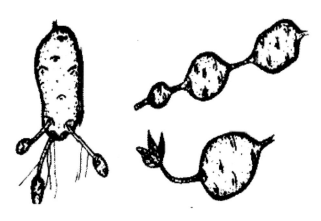

图1-3　马铃薯的畸形薯

（三）马铃薯的叶

马铃薯出苗后最初生出的头几片叶为单叶，称为初化叶，叶毛较密，叶背面浅紫色，随着植株的生长，逐渐形成奇数羽状复叶，叶序对生。复叶一般由7～11片小叶组成，这些小叶大小依次相间排列。叶片有绿色、浅绿色、深绿色等。复叶呈螺旋形着生在茎上。复叶柄基部与茎连接处，有托叶1对，托叶形状有叶形、镰刀形、中间形，是识别品种的重要特征。正常健康的植株复叶较大，小叶片平展而富有光泽，叶肉组织表现绿色深浅一致（图1-4）。

图1-4 马铃薯的叶

（四）马铃薯的花

马铃薯为聚伞花序，每朵花的小花梗着生在花序的分枝上，每个分枝着生2～4朵花（图1-5）。花为合瓣花，五角形，花萼有5个裂片，基部相连，多为绿色。花冠大小因品种而异，花色有白色、浅紫色、紫色和紫红色等。雌蕊1枚，着生在5～7枚雄蕊当中。每朵花开花时间为3～5d，一个花序开花持续15～30d，一般8:00左右开花，18:00左右闭花。

早熟品种开花少，花期较短。中晚熟品种开花较多，花期较长，一般开花2～3层。马铃薯是自花授粉作物，但是由于柱头与花粉成熟期不同步，能天然结果的品种较少。

图1-5 马铃薯的花

（五）马铃薯的果实和种子

马铃薯的果实为浆果，圆形或椭圆形，淡绿或紫绿，有的品种带有褐色斑纹或白点。浆果直径1.5cm左右，从受精到成熟需30～40d。成熟后的浆果呈淡绿色或浅黄色（图1-6）。浆果多为2心室，一般浆果内有100～300粒种子。

马铃薯种子极小，千粒重0.5～0.6g，种子扁平近圆形或卵圆形，呈淡黄色和暗灰色，表面粗糙（图1-7）。新收获的种子有5～6个月的休眠期，休眠期过后种子才能正常发芽，当年发芽率极低，都是在翌年春天才进行催芽播种的。

图1-6 马铃薯的果实

图1-7 马铃薯的种子

二、马铃薯的生长发育特性

（一）马铃薯的生长发育周期

马铃薯一生可分为发芽期、幼苗期、块茎形成期、块茎增长期（膨大期）、淀粉积累期和块茎休眠期6个时期。

1. 发芽期（块茎萌芽至出苗）

从种薯播种到幼苗出土为发芽期，进行主轴第一段的生长。发芽期春季为25~35d，秋季为10~20d。处于休眠期的种薯，需人工打破休眠后才能发芽。

发芽期是马铃薯以根系形成和芽的生长为中心，同时进行叶和花原基的分化，这一时期是马铃薯发苗、扎根和进一步发育的基础，也是获得马铃薯高产稳产的基础。种薯的质量与栽培措施，对出苗有很大影响。幼龄健康的小整薯，组织幼嫩，代谢旺盛，生命力强，而且具有顶端优势。所以出苗齐、全、壮，一般比老龄薯要提前出苗3~5d，提高出苗率20%。土壤疏松，通气良好，有利于发芽生根，促进早出苗，出壮苗。施用速效性磷肥作种肥，有利于发芽出苗。

2. 幼苗期（出苗-现蕾）

出苗到第6叶或第8叶展开的时候，为幼苗期，进行主轴第二段的生长。此时地上主茎叶片生长很快，当第6片叶子展开时，复叶逐渐完善，幼苗出现分枝，地下芽眼根向纵深发展，并相继发生匍匐茎、匍匐根，匍匐茎沿着水平方向伸长。当主茎出现7~13片叶子时，有的匍匐茎顶端开始膨大，至现蕾时，匍匐茎数目不再增加，标志着幼苗期的结束。幼苗期因品种熟性不同，长短不一，一般需要15~25d。幼苗期生长量不足，茎叶干重只占一生总干重的3%~4%。

幼苗期是以茎叶和根系发育为中心，同时伴随着匍匐茎的形成和伸长以及花芽的分化。因此，这一时期生长得好坏，是决定光合面积大小、根系吸收能力和块茎形成多少的基础。在栽培上应以壮苗促棵为中心，尽快促进地上茎叶的快速生长，使其尽早达到最大光合面积，促进更多的匍匐茎形成和根系向深广发展。

3. 块茎形成期（现蕾-初花）

从现蕾到开花初期，是块茎形成期。地上植株现蕾是地下块茎形成初期的标志，此期的生长特点是：植株进入营养生长与生殖生长的并进期，地上部茎叶生长和地下部块茎形成同时进行。在营养供应不良时，地上茎叶生长会出现暂时减缓现象，一般约10d，以后恢复正常生长。当地下块茎增大到3cm左右，地上主茎出现9~17片叶时，花蕾开始开花，块茎形成期即结束。此期是决定结薯多少的关键期，同一植株的块茎，大都在这一时期形成。随着块茎的形成和茎叶的生长，对水肥的需求量不断增加。所以，该期应保证充足的水肥供应，及时进行追肥、浇水，多次中耕培土，才有利于块茎的形成。

4. 块茎增长期（始花-终花）

块茎增长期基本与开花盛期相一致，这一时期是以块茎的体积和重量增长为中心的时期。开花后，茎叶生长进入盛期，叶面积迅速增大，光合作用旺盛，茎叶制造养分向块茎输送。因此，在开花盛期，块茎的膨大速度很快，在适宜条件下，一穴马铃薯块茎每天可增重20~25g。盛花期是地上茎叶生长最旺盛的时期，也是决定块茎大小和产量高低的时期。此后，地上部分生长趋于停止，制造的养分不断向块茎中输送，块茎继续增大，直至茎叶枯黄为止。所以，本期是决定块茎大小的关键时期。马铃薯全部生育期所形成的干物质，大部分在这个时期形成。该期是马铃薯一生中需水需肥最多的时期，占生育期需肥量的50%以上。因此，该期必须充分满足对水肥的需要，保证及时追肥浇水。这一时期温度对块茎的膨大影响较大，块茎生长的适宜温度为16~18℃，超过21℃，块茎膨大就会严重受阻，甚至完全停止。

5. 淀粉积累期（终花-枯萎）

当开花结实接近结束，茎叶生长渐趋缓慢或停止，植株下部叶片开始衰老、变黄和枯萎，便进入了淀粉积累期。此期地上茎叶中贮藏的养分继续向块茎中输送，块茎的体积基本不再增大，但重量继续增加。成熟期的特点是以淀粉的积累为主，蛋白质、灰分元素也相应增加，而糖分和纤维素则逐渐减少。淀粉的积累一直可继续到茎萎为止。此期应注意防止土壤湿度过大，以免引起烂苗。同时，适当增施磷、钾肥，可以加快同化物质向块茎运转，增强抗病能力和块茎的耐贮性，防止茎叶早衰或徒长。

6. 块茎休眠期

马铃薯块茎的休眠，实际上始于块茎开始膨大的时刻。但在栽培上则是从茎叶全部枯萎收获时看作是块茎进入休眠期。所谓休眠，就是指刚收获的块茎即使在适合发芽的环境中，也不发芽，而必须经过一段时期才能发芽。休眠的原因主要是因为块茎成熟过程中，表皮中有一层很致密的栓皮组织细胞，阻止了空气中的氧气进入块茎内部，致使其呼吸作用、生理代谢作用微弱，块茎芽眼不能获得所需要的营养物质和氧气供应，因而不能发芽。休眠期的长短，随品种、温度而异，短的1月左右，长的可达半年，当贮藏温度为1~3℃时，多数品种可保持长期不发芽。

（二）马铃薯的生长发育特性

马铃薯在其漫长的历史发展中形成了一些特有特性。

1. 再生特性

马铃薯具有很强的再生能力，如果割下马铃薯的主茎或分枝，扦插于土壤并满足它对水分、温度和空气的要求，它就能再生成为新的植株；如果植株地上茎的上部遭到破坏，其下部能从叶腋长出新的枝条，来接替被损坏的部分，制造营养并完成上下输送营养的功能，使地下所结薯块继续生长。利用这一再生特性，可对其进行"育芽掰苗移栽""剪枝扦插""压蔓繁殖""组织培养生产脱毒种薯""切段扩繁""微型薯剪顶扦插"等措施来扩大繁殖倍数，加快新品种的推广速度，收到明显的经济效果。

2. 分枝特性

马铃薯的地上茎和地下茎、匍匐茎、块茎都有分枝的能力。地上茎分枝长成枝杈，分枝的多少、发生分枝的迟早因品种而异，一般早熟品种分枝数少，分枝时间晚，而且大多是在其茎上部产生分枝；晚熟品种分枝数量多，分枝时间早，多在茎下部产生分枝。地下茎在地下的环境中产生分枝，这种分枝被称为匍匐茎，匍匐茎尖端变形、短缩、膨大，形成块茎。匍匐茎也能产生分枝，但其尖端变形结成的块茎比原先的匍匐茎所结的块茎要小。块茎同样能产生分枝，即使是上年收获的块茎，在下年种植时，也会从芽眼处长出新的植株。人类正是利用了这一特性，利用块茎进行无性繁殖。

除了地下茎能产生分枝，结成块茎，地上茎的分枝也能长成块茎。当地下茎的输导组织（筛管）受阻时，叶子制造的有机营养向下输送受到阻碍，就会把营养贮存在地上茎基部的小分枝里，使之逐渐膨大成为小块茎，这种小块茎称之为"气生薯"，一般是几个或十几个堆簇在一起，呈绿色，不能食用。

3. 喜凉特性

马铃薯植株的生长及块茎的膨大，有喜凉特性。马铃薯的原产地为南美洲安第斯山高山区，年平均气温为5~10℃，最高月平均气温为21℃左右，因此使马铃薯植株和块茎在生物学上形成了只有在冷凉气候条件下才能很好生长的自然特性。特别是在结薯期，叶片中的有机营养，只有在夜间温度低的情况下才能输送到块茎里。因此，马铃薯非常适合在高寒冷凉的地带种植。这也成为我国马铃薯的主产区大多分布在东北、华北、西北和西南高山区的一个主要原因。

4. 休眠特性

马铃薯块茎，具有休眠特性，如果放在最适宜的发芽条件下，几十天也不会发芽，只有经过一定的贮藏时间，才能发芽。

休眠期的长短和品种有很大关系。有的品种休眠期很短，有的品种休眠期很长。一般早熟品种的休眠期长于晚熟品种。即使是同一品种，如果贮藏条件不同，则休眠期长短也不一样，即贮藏温度高的休眠期缩短，贮藏温度低的休眠期会延长。此外，块茎的成熟度不同，休眠期也不一样。

块茎的休眠特性，在马铃薯的生产、贮藏和利用上，有着重要的作用。在用块茎做种薯时，它的休眠解除程度，直接影响着田间出苗的早晚、出苗率、整齐度、苗势及产量。贮藏马铃薯块茎时，要根据所贮品种休眠期的长短，安排贮藏时间和控制窖温，防止块茎在贮藏过程中过早发芽，而损害使用价值。

三、马铃薯的品种选择

（一）品种分类

1. 按生育期长短分

按生育期长短可分为早熟品种（通常生长期在50~75d）、

中熟品种（通常生长期为76~95d）、中晚熟品种（通常生长期为96~115d）和晚熟品种（通常生长期为116d以上）。

2. 按主要用途分

按主要用途可分为菜用型、食用型（蒸煮）、食品加工型、淀粉加工型几类。不同用途的马铃薯其品质要求也不同。

（1）菜用型品种。主要应具备大中薯率高（在75%以上），薯形整齐一致、表皮光滑、芽眼少而浅，块茎大小适中；出口鲜薯要求黄皮黄肉或红皮黄肉，薯形长圆或椭圆形，食味品质好，淀粉含量低。如费乌瑞它、中薯3号。

（2）食用型品种（蒸煮型）。要求薯形整齐，食用品质好，食味不回生，不麻口，耐贮藏。如克新系列、青薯168。

（3）食品加工型。目前我国马铃薯加工食品有炸薯条、炸薯片、脱水制品等，但最主要的加工产品仍为炸薯条和炸薯片。二者对块茎的品质要求如下。

① 块茎内部结构。薯肉为白色或乳白色，炸薯条也可用淡黄色或黄色的块茎。块茎髓部长而窄，无空心、黑心等。

② 块茎外观。表皮薄而光滑，芽眼少而浅，容易取皮。皮色为乳黄色或黄棕色，薯形整齐。炸薯片要求块茎圆球形，个头不要太大，50~150g重的薯块所占比例要大些，而超过150g的薯块比例最好少一些。炸薯条要求薯形是长形或椭圆形，长度在7.5cm以上，宽不小于3cm，重量要在120g以上。

③ 干物质含量。应在19.6%以上，一般油炸食品要求20%~25%的干物质含量。干物质含量过高，生产出来的食品比较硬（薯片要求酥脆，薯条要求外酥内软），质量变差。由于比重与干物质含量有绝对的相关关系，故在实际当中，一般用测定比重来间接测定干物质含量。炸片要求比重高于1.080，炸条要求比重

高于1.085。

④ 还原糖含量。还原糖含量的高低是油炸食品加工中对块茎品质要求最为严格的指标。还原糖含量高，在加工过程中，还原糖和氨基酸进行所谓的"美拉反应"（Maillard Reaction），使薯片、薯条表面颜色加深为不受消费者欢迎的棕褐色，并使成品变味，质量严重下降。油炸食品加工型品种还原糖含量在0.20%以下。块茎还原糖含量的高低，与品种、收获时的成熟度、贮存温度和时间等有关。尤其是低温贮藏会明显升高块茎还原糖含量。主要油炸薯片品种为大西洋，油炸薯条有夏波蒂。

（4）淀粉加工用马铃薯。淀粉含量的高低是淀粉加工时首要考虑的品质指标。因为淀粉含量每相差1%，生产同样多的淀粉，其原料相差6%。作为淀粉加工用品种其淀粉含量应在15%以上。块茎大小以50~100g为宜。大块茎（100~150g以上者）和小块茎（50g以下者）淀粉含量较低。为了提高淀粉的白度，应选用皮肉色浅的品种。如宁薯4号、内薯7号。

（二）选用适宜的马铃薯品种

1. 选用品种的依据

主要根据种植目的、当地的地理位置、生产条件、种植习惯和马铃薯生产上的主要问题来考虑选用适宜的品种。

品种的用途是指生产的商品薯是鲜食还是出口外销，还是加工炸薯片、炸薯条或淀粉，不同用途的产品，有不同的品质要求。

不同的品种，其对日照长度的反应不同。如在长日照地区引入短日照品种，则表现极为晚熟，只会长茎叶不结薯或块茎很小，产量极低。

不同品种，熟期差别很大，早熟品种从出苗到收获只要60～70d，中熟品种要80～90d，而中晚熟品种要90～100d，晚熟品种则要110d以上。引种时要考虑到当地的无霜期长短，使引进品种的熟期能充分利用当地的有效积温，积累更多的产量。

2. 品种的用途及其对品质的要求

鲜食或出口外销马铃薯要求的性状：块茎大而整齐、大中薯率高，圆形或椭圆形、芽眼浅、表皮光滑、薯肉黄色或浅黄色，淀粉含量要求不严格，但要求食味好，不麻口、无异味。

淀粉加工型马铃薯品种要求的性状：高淀粉品种的块茎一般比较小，淀粉含量至少在17%以上。利用高淀粉品种，淀粉加工企业将获得巨大的经济效益，当淀粉提取率为90%时，生产1万t精淀粉，用淀粉含量4%的品种做原料，需要原料薯63 492t；但用淀粉含量16%的品种，需要原料薯55 556t，减少原料薯用量7 936t；如果用淀粉含量18%的品种，只需要原料薯49 383t，节约原料薯14 109t。可见，利用淀粉含量高的品种，可大大节约加工生产成本，提高企业经济效益。

油炸薯片专用型马铃薯品种要求的性状：还原糖含量在0.2%以下，最高不超过0.3%，干物质含量在19.6%以上；薯形为圆形或短椭圆形，芽眼浅，白皮白肉，块茎中等大小（50～150g），无青皮，无空心，薯肉不产生褐斑，耐贮藏，低温下贮藏淀粉转化糖。

油炸薯条专用型马铃薯品种要求的性状：还原糖含量低于0.3%，干物质含量19.9%左右；块茎长形或长椭圆形，长度在6cm以上、宽度不小于3cm，单薯重120g以上，大薯率高，芽眼浅，白皮白肉或褐皮白肉，无空心，无青皮，耐贮藏。

第二章
马铃薯的常规生产技术

一、播前准备

（一）正确选用种薯

选用良种是获得马铃薯高产的物质基础，也是一项经济有效的增产措施。没有优良的品种，不可能达到高产的目的。良种首先要高产稳产，高产需要植株生长健壮，块茎膨大快，养分积累多；稳产必须具有良好的抗病性和抗逆力。在同样的栽培条件下，良种较一般品种可增产30%～50%，尤其是在晚疫病流行年份或马铃薯退化严重地区，推广抗病毒品种可以成倍增产，甚至更多。优良品种之所以能够增产，主要是由于它对环境条件有较强的适应性，对病毒病菌有较强的抵抗力及其所具有的丰产特性所决定的。值得指出的是，马铃薯的品种区域性较强，每个品种都有它一定的适应范围，并非对各种自然条件都能够适应。这就要求各地必须选择适应当地条件的品种，才能发挥良好的增产作用。我国幅员辽阔，自然气候复杂，选用良种应遵循如下原则。

1. 以栽培目的为依据

出口产品要求薯形椭圆，表皮光滑，红皮或黄皮黄肉，芽眼极浅（平）的极早熟或早熟品种；作淀粉加工原料时应选择高淀粉品种；做炸薯条或薯片原料时应选择薯形整齐、芽眼少而浅、白肉、还原糖含量低的食品加工专用型品种。

2. 以当地生产条件为依据

应根据当地生产条件、栽培技术选用耐旱、耐贫瘠或喜水肥抗倒伏的品种。

3. 以当地耕作栽培制度为依据

一季作区为了充分利用生长季节和天然降水，要因地制宜地选择耐旱、休眠期长、耐储藏的中熟或中晚熟品种，还应适当搭配部分早熟或中早熟品种，以适应早熟上市或供应二季作地区所需种薯的要求；二季作区宜选用结薯早、块茎膨大快、休眠期短、易于催芽秋播的早熟或中熟品种；间套作要求株形直立，植株较矮的早熟或中早熟品种。

4. 以当地主要病害发生情况为依据

根据当地主要病害发生情况选用抗病性强、稳产性好的品种。

不管依据什么原则或作何用途，均应选用优质脱毒种薯。生产实践证明，采用优质脱毒种薯，一般可增产30%，多者可成倍增产。

（二）合理轮作倒茬

为了经济有效地利用土壤肥力，预防土壤和病株残体传播病虫害及杂草，栽培马铃薯的土地不能年年连作（重茬），需要实行合理轮作（倒茬）。轮作不仅可以调节土壤养分，改善土壤，避免单一养分缺乏，而且能减少病虫感染危害的机会。尤其是土壤和残株传带的病虫及杂草，通过轮作倒茬可减轻其危害。

马铃薯应实行3年以上轮作。马铃薯轮作周期中，不能与茄科作物、块根、块茎类作物轮作，这类作物多与马铃薯有共同的病害和相近的营养类型。在大田栽培时，马铃薯适合与禾谷类作物轮作。以谷子、麦类、玉米等茬口最好，其次是高粱、大豆。在城市郊区和工矿区作为蔬菜栽培与蔬菜作物轮作时，最好的前茬是葱、芹菜、大蒜等。马铃薯是中耕作物，经多次中耕作业，土壤疏松肥沃，杂草少，是多种作物的良好前茬。

主要轮作方式有以下几种。3年制：马铃薯—麦类—豆类；4年制：马铃薯—麦类—玉米—谷子；5年制：马铃薯—棉花—麦类—玉米或谷子—棉花。

由于马铃薯栽培区域及栽培特点不同，其轮作方式也多种多样。轮作的方式，要根据当地马铃薯生产的实际情况来决定。总的原则是"三忌"：忌连作，忌与茄科作物（如茄子、辣椒、番茄等）轮作，忌迎茬（即在一块地里每隔一年种一次马铃薯）。

（三）深耕整地

马铃薯属于深耕作物，要求有深厚的土层和疏松的土壤，土壤中水、肥、气、热等条件良好。深耕整地可以使土壤疏松，消灭杂草和保蓄水分，改善土壤的通气性和保肥能力，促进微生物活动，增加土壤中的有效养分，提高抗旱排涝能力，有利于根系的生长发育和块茎的形成膨大。根据调查资料，深耕30~33cm比耕翻13cm左右的增产20%以上；深耕27cm，充分细耙，比浅耕13cm细耙的增产15%左右。深耕细耙是保证根系发育，改善土壤中水、肥、气、热条件，满足马铃薯对土壤环境的要求和提高产量的重要措施之一。

耕翻深度因土质和耕翻时间不同而异。一般来说，沙壤土地或沙盖壤土地宜深耕；黏土地或壤盖沙地不宜深耕，否则会造成土壤黏重或漏水漏肥。"秋耕宜深，春耕宜浅"的群众经验值得推广，因为秋深耕可以起到消灭杂草，接纳雨雪和熟化土壤的作用；而春浅耕又有提高地温和减少水分蒸发的作用。在冬季雪少风大和早春少雨干旱地区，进行严冬碾压和早春顶凌耙磨，是抗旱保全苗的重要措施之一。无论是春耕还是秋耕，都应当随耕随耙，做到地平、土细、地暄、上实下虚，起到保墒的作用。

（四）处理种薯

播前的种薯准备工作包括种薯选择、种薯催芽和种薯切块三个环节。

1. 种薯出窖

种薯出窖的时间，应根据当时种薯储藏情况、预定的种薯处理方法以及播种期等三方面结合考虑。如果种薯在窖内储藏得很好，未有早期萌芽情况，则可根据种薯处理所需的天数提前出窖。采用催芽处理时，须在播前40～45d出窖。如果种薯储藏期间已萌芽，在不使种薯受冻的情况下，尽早提前出窖，使之通风见光，以抑制幼芽继续徒长，并促使幼芽绿化，以减轻播种时的碰伤或折断。

2. 种薯选择

马铃薯块茎形成过程中，由于植株生理状况和外界条件的影响，不同块茎存在着质的差异。种薯传带病毒、病菌是造成田间发病的主要原因之一，为了切断病源，预防病害，提高出苗率，达到苗全苗壮、出苗整齐一致，为马铃薯高产奠定良好的基础。

种薯出窖后，必须精选种薯。种薯选择的标准是：具有本品种特征、表皮光滑、柔嫩、皮色鲜艳、无病虫、无冻伤的块茎作种。凡薯皮龟裂、畸形、尖头、皮色暗淡、芽眼凸出、有病斑、受冻、老化等块茎，均应坚决淘汰。如出窖时块茎已萌芽，则应选择具粗壮芽的块茎，淘汰幼芽纤细或丛生纤细幼芽的块茎。

3. 种薯催芽

所谓催芽就是将未通过休眠期的种薯，用人为的方法促使其提早发芽。马铃薯块茎具有一定的休眠期，休眠期的长短因品种不同而异。新收获的薯块，一般需要3~4个月的休眠期才能发芽，也有的品种休眠期很短。一季作地区利用秋播留种的薯块春播，或二季作地区利用刚收获不久的春薯秋播时，都同样会遇到种薯处于休眠期而不能发芽的问题。如果采用休眠状态的薯块播种，不仅会使出苗期延长，而且会造成缺苗断垄。因此，种薯催芽可促进种薯解除休眠，缩短出苗时间，促进生育进程，淘汰感病薯块，是解决马铃薯早种不能早出苗，晚种减产易退化矛盾的重要措施之一，增产效果显著。

种薯催芽有多种方法，常采用药剂催芽、温床催芽、冷床催芽、露地催芽及室内催芽等。催芽方法因栽培区域和栽培季节不同而异，一般春马铃薯常用整薯催芽，秋马铃薯常用切块催芽。分述如下。

（1）室内催芽。

将种薯置于明亮室内，平铺2~3层，每隔3~5d翻动1次，使之均匀见光，经过40~45d，幼芽长至1~1.5cm，再严格精选一次，堆放在背风向阳地方晒5~7d，即可切块播种。如果幼芽萌发较长但不超过10cm，也可采用此法而不必将芽剥掉，芽经绿化后，失掉一部分水分变得坚韧牢固，切块播种时稍加注意，即不致折断。出窖时若种薯芽长至1cm左右时，将种薯取出窖外，平铺于光亮室内，使之均匀见光，当芽变绿时，即可切块播种。

（2）露地催芽。

拟在翌春计划种植马铃薯的田间地边（或庭院内外），选择背风向阳的地方，入冬前挖若干个长8m、宽1m、深0.8m的基础催芽床。播种前20~25d，将已挖好的基础催芽床整修成长10m、宽1.5m、深0.5m的催芽床。床底铺半腐熟的细马粪3cm，再铺细土2cm，将选好的种薯放入床内。一般放置4~5层，每床约放750kg种薯，种薯上面盖细土5cm。再盖马粪3~5cm，然后用塑料布覆盖，四周用湿土封闭。约经15d即可催出0.2~0.5cm的短壮芽，再从床内将种薯取出放在背风向阳处，晒种5~7d，即可切块播种。

（3）层积催芽。

将种薯与湿沙或湿锯屑等物互相层积于温床、火炕或木箱中，先铺沙3~6cm，上放一层种薯，再盖沙没过种薯，如此3~4层后，表面盖5cm左右的沙，并适当浇水至湿润状况。以后保持10~15℃和一定的湿度，促使幼芽萌发。当芽长1~3cm，并出现根系，即可切块播种。

（4）温床催芽。

挖宽1m、深50cm的沟，沟底铺15cm厚的湿秸秆，上面铺18cm厚的马粪，再盖上15cm厚的细土保温，播种前20~30d将种薯放入沟内。种薯放入前10d，昼夜都加覆盖物；10d后，当白天温度超过1℃时，便可揭开覆盖物，使块茎接受阳光，经20d左右种薯即可发芽播种。

（5）药剂催芽。

常采用"赤霉素"（九二〇）浸种催芽。先将切好的种薯洗去切面上的淀粉，然后放进0.5~1mg/L的赤霉素溶液中浸泡5~10min，浸种后直播或进行沙层催芽均可。

二、播种技术

（一）整地备种

马铃薯不适合连作，种植马铃薯的地块要选择上一年没有种植过马铃薯或茄科作物的地块。如果一块地块上连续种植马铃薯，不但病害严重，而且容易引起土壤养分失调，特别是某些微量元素缺乏，使马铃薯生长不良，植株矮小，产量低，品质差。马铃薯与水稻、玉米、麦类等作物轮作效果较好。

马铃薯生长需要15～20cm的疏松土层。因此，种植马铃薯的地块最好选择地势平坦，有灌溉条件，且排水良好，耕作层深厚、疏松的沙壤土。前作收获后或整地前，要进行深耕细耙，深度可达30cm。深耕可使土壤疏松、通透性好，消灭杂草，提高土壤的蓄水、保肥能力，有利于根系的发育和块茎的膨大。

整地时一定要将大的土块破碎，使土壤颗粒大小适中。有机肥可以在整地时施入并混合均匀。当用化肥作基肥，且施用量较大时，可在整地时施入，否则在播种时将肥料集中施在播种沟内或播种穴内。

（二）播种时期

确定马铃薯播种时期的重要条件是生育期的温度，原则上要使马铃薯结薯盛期处于日平均温度15～25℃的条件下。适于块茎持续生长的这段时间愈长，产量也愈高。一般当土壤10cm深处温度稳定达到7～8℃就可以播种。旱地大春马铃薯一般缺乏灌溉条件，适宜的播种期为3月前后，出苗后如能顺利通过4—5月的干旱季节，即可进入雨季迅速生长。秋季马铃薯7—8月间播种，初霜到来之前收获。冬季马铃薯类型复杂，包括小春季栽培、早春季栽培、冬季栽培等类型，不同类型不同地区播种期各异，主要取决于霜期情况，或早播早收避开霜期，或晚播晚收错开霜期播种，无霜冻或霜期很短的地区，播种期可早可晚，但要避免结薯期遇上高温，也要考虑前后茬作物的衔接。

（三）播种深度

播种深度受土壤质地、土壤温度、土壤含水量、种薯大小与生理年龄等因素的影响。当土壤温度低、土壤含水量较高时，应浅播，盖土厚度3~5cm；如果土壤温度较高、土壤含水量较低时，应深播，盖土厚度10cm左右。种薯较大时，应适当深播，而种植微型薯等小种薯时，应适当浅播。老龄种薯应在土壤温度较高时播种，并比生理壮龄的种薯播得浅一些。土壤较黏时，播种深度应浅些；而土壤沙性较强时，应适当深播一些。

（四）播种密度

播种密度取决于品种、用途、施肥水平、种植季节等因素。譬如，进行种薯生产时，播种密度应当比商品薯生产时大一些。同样进行商品薯生产，早熟品种播种密度应比中晚熟品种密度大一些；大春季种植的播种要比秋、冬两季种植的播种密度小一些。用做炸片原料薯和淀粉加工原料薯生产的品种，播种密度应比用做炸条的品种播种密度大一些。

一般情况下，如在大春季种植，种薯生产的播种密度应当在每亩（1亩≈667m^2）5 000株以上；早熟品种的播种密度应当在每亩4 000~5 000株；晚熟品种的播种密度每亩3 000~3 500株为宜；炸片原料薯生产的播种密度应当在每亩4 500株左右；炸条原料薯生产的播种密度每亩应当在3 000株左右；淀粉加工原料薯的播种密度每亩应当在3 500~4 000株。

同样的品种，如果在土壤肥力较高或施肥水平较高的条件下种植，可适当降低种植密度；反之，则适当增加种植密度。具体的株距和行距，应根据品种特征、特性和播种方式来确定，如用机械作业，行距应宽些，株距相应要窄些。

（五）基肥

播种时集中施肥可以提高肥料的利用率，降低肥料的投入。当采用机械播种时，可利用其施肥器将肥料随种薯一起施入垄沟中，然后由机械自动起垄，将肥料和种薯同时盖住。如果用畜力开沟播种，可开一条播种沟和一条施肥沟，将肥料和种薯分开，以免出现肥料烧苗现象。也可以只开一条沟，先将种薯按株距摆放好，将肥料施于种薯之间。人工种植时，无论开沟种植或穴播，都可以边播种边施肥，但要特别注意将种薯和肥料分开。施肥量应根据品种特性来确定，一般早熟品种生育期短，基肥可达总施肥量的80%～100%，晚熟品种可控制在70%左右。

（六）防治地下害虫

马铃薯易遭受多种地下害虫的危害，常见的有金针虫、蛴螬、地老虎、蝼蛄等。这类害虫主要危害地下部根、茎及块茎。虽然在马铃薯生长期间可用灌根的方法进行防治，但效果较差。在播种时结合施基肥将防治地下害虫的药剂一起施入，防治效果好，又节省劳力，有事半功倍之效。常用的农药有辛硫磷和乐斯本等。

辛硫磷是一种高效、低毒广谱杀虫剂，见光分解快，残留低，药效期长，埋入地下持效期达60～70d，可有效防治地下所有害虫。施用方法：开沟后，每15kg水加50%辛硫磷乳油50～100mL，喷撒播种沟，每亩用药量不少于60kg药液。也可在播种时每亩用48%乐斯本乳油150mL，拌细沙或拌入肥料中，施入播种沟内。

三、田间管理

（一）苗前管理

春马铃薯播种后，一般须经30d左右才能出苗。在此期间，种薯在土壤里呼吸旺盛，需要充足的氧气供应，以利于种薯内营养物质的转化。许多地区早春温度偏低，干旱多风，土壤水分损失较大，表土易板结，杂草逐渐滋生。针对这种情况，出苗前3~4d浅锄或耱地可以起到疏松表土、补充氧气、减少土壤水分蒸发、提高地温和抑制杂草滋生的作用。

（二）查苗补苗

出苗后田间管理的中心任务是保证苗全、苗壮、苗齐。全苗是增产的基础，没有全苗就没有高产。马铃薯株棵大，单株生产力高，缺一株就成斤的少收，缺一片就会大量减产。所以，出苗后应首先认真做好查苗补苗工作，确保全苗。

查苗补苗应在出苗后立即进行，逐块逐垄检查，发现缺苗立即补种或补栽。补种时可挑选已发芽的薯块进行整薯播种，如遇土壤干旱时，可先铲去表层干土，然后再进行深种浅盖，以利早出苗、出全苗。为了使幼苗生长整齐一致，最好采用分苗补栽的办法，即选一穴多茎的苗，将其多余的幼苗轻轻拔起，随拔随栽。在分苗时最好能连带一小块母薯或幼根，这样容易成活。此外，分苗补栽最好能在阴天或傍晚进行，土壤湿润可不必浇水，土壤干旱时必须浇水，以提高成活率。

（三）中耕培土

培育壮苗的管理特点是疏松土壤，提高地温，消灭杂草，防旱保墒，促进根系发育，增加结薯层次，促进块茎形成，所以中耕培土是马铃薯田间管理的一项重要措施。干旱区尤为重要。结薯层主要分布在10～15cm深的土层内，疏松的土层，有利于根系的生长发育和块茎的形成膨大。

1. 中耕培土的作用

（1）适时中耕除草可以防止"草荒"，减少土壤中水分、养分的消耗，促进薯苗生长。中耕可以疏松土壤，增强透气性，有利于根系的生长和土壤微生物的活动，促进土壤有机质分解，增加有效养分。

（2）在干旱情况下，浅中耕可以切断土壤毛细管，减少水分蒸发，起到防旱保墒作用；土壤水分过多时，深中耕还可以起到松土晾墒的作用。

（3）在块茎形成膨大期，深中耕，高培土，不但有利于块茎的形成膨大，而且还可以增加结薯层次，避免块茎暴露地面见光变质。

总之，通过合理中耕，可以有效地改变马铃薯生长发育所必需的土、肥、水、气等条件，从而为高产打下良好基础。

2. 中耕培土的方法

中耕培土的时间、次数和方法，要根据各地的栽培制度、气候和土壤条件决定。

第一次中耕：春马铃薯播种后出苗所需时间长，容易形成地面板结和杂草丛生，所以出齐苗后就应及时中耕除草。

第二次中耕：在苗高10cm左右时进行，这时幼苗矮小，浅锄既可以松土灭草，又不至于压苗伤根。在春季干旱多风的地区，土壤水分蒸发快，浅锄可以起到防旱保墒作用。

第三次中耕：现蕾期进行第三次中耕浅培土，以利匍匐茎的生长和块茎形成。

第四次中耕：在植株封垄前进行第四次中耕兼高培土，以利增加结薯层次，多结薯、结大薯，防止块茎暴露地面晒绿，降低食用品质。

（四）适时浇水

马铃薯整个生育期中需要有充足的水分，每形成1kg干物质需水量约300kg。如土壤水分不足，会影响植株的正常生长发育，影响块茎膨大和产量。

1. 苗期需水与灌溉

马铃薯不同生育时期对水分的要求不同。从播种到出苗阶段需要水分最少，一般依靠种薯中的水分即可正常出苗；出苗至现蕾期，是马铃薯营养生长和生殖生长的关键时期，土壤水分的盈亏对产量影响显著，这时保持土壤湿润，是培育植株丰产长相的关键。如土壤过分干旱，以致幼苗生长受到抑制，将影响到后期产量，则须适当浇水，并要及时中耕松土。

2. 成株期需水与灌溉

现蕾至开花是生长最旺盛时期，叶面增长呈直线上升，叶面蒸腾量大，匍匐茎也开始膨大结薯，需水量达到最高峰，约占全生育期的1/2。土壤水分以土壤最大持水量的60%~75%为宜。这时不断供给水分，不仅可以降低土壤温度，有利于块茎形成膨大，同时还可以防止次生块茎的形成。

浇水应避免大水浸灌，最好实行沟灌或小水勤浇勤灌，好处是灌水匀，用水省，进度快，便于控制水量，利于排涝。积水过多，土壤通气不良，根系呼吸困难，容易造成烂薯。收获前5~6d

停止浇水，以利收获和减少储藏期间的病烂。

3. 秋马铃薯的灌溉

二季作地区的秋马铃薯灌溉要求与春作马铃薯全然不同。秋马铃薯播种正值高温季节，播后无雨时，每隔3～5d浇水1次，降低土温。促使薯块早出苗、出壮苗。浇后及时中耕，增加土壤透气性，避免烂薯。幼苗出土后，如天气干旱，亦应小水勤浇，保持土壤湿润，促进茎叶生长。至生育中期，气候逐渐凉爽，茎叶封垄，植株蒸腾及地面蒸发量小，可延长浇水间隔，减少浇水次数。

二季作马铃薯生育期短，发棵早，一切管理措施都要立足一个"早"字，即早播种、早查苗、早追肥、早浇水、早中耕培土，以便充分利用生育期，促苗快长，实现高产稳产。

（五）科学施肥

马铃薯是高产喜肥作物，施肥对马铃薯增产效果显著，良好的施肥技术不仅能最大限度地发挥肥效，提高产量，还能改善食用品质和增加淀粉含量。因此，必须根据马铃薯的需肥特点，采取合理的施肥技术。

在马铃薯整个生育过程中，需钾肥最多，氮肥次之，磷肥最少。氮肥能促使茎叶繁茂，叶色深绿，增加光合作用强度，加快有机物质的积累，提高块茎中蛋白质的含量。但施用氮肥过多，会引起植株徒长，成熟期延迟，甚至只长秧子不结薯，严重影响产量。对磷肥需要虽少，但不能缺少，磷肥不仅能使植株发育正常，还能提高块茎的品质和耐储性。如果缺磷，植株生长细弱甚至生长停滞，块茎品质降低，食性变劣。钾肥能使马铃薯植株生育健壮，提高抗病力，促进块茎中有机物质的积累。

据研究，每生产1 000kg薯块，约需从土壤中吸收纯氮5kg、磷2kg、钾11kg。马铃薯在不同生育阶段所需营养物质的种类和数量也不同。发芽至出苗吸收养分不多，依靠种薯中的养分即可满足其正常生长需要，出苗到现蕾吸收的养分约占全生育期所需要养分的1/3；从现蕾到块茎膨大期，吸收的养分很少。马铃薯对氮的吸收较早，在块茎膨大期到达顶点；对钾的吸收虽然较晚，但一直持续到成熟期；对磷的吸收较慢、较少。

马铃薯施肥应以有机肥为主，化肥为辅；基肥为主（应占需肥总量的80%左右），追肥为辅。施肥方法分基肥、种肥和追肥三种。

1. 基肥

基肥主要是有机肥料，常用的有牲畜粪、秸秆及灰土粪等常用优质农家肥。这样可以源源不断发挥肥效，满足其各生育期对肥料的需要。同时，有机肥在分解过程中，释放出大量二氧化碳，有助于光合作用的进行，并能改善土壤的理化性质，培肥土壤。

基肥一般分铺施、沟施和穴施三种，基肥最好结合秋深耕施入，随后耙耱。基肥充足时，将1/2或2/3的有机肥结合秋耕施入耕作层，其余部分播种时沟施。在基肥不足的情况下，为了经济用肥和提高施肥效果，最好结合播种采用沟施和穴施的方法，开沟后先放种薯后施肥，然后再覆土耙耱。

施用基肥的数量应根据土壤肥力、肥料种类和质量、产量水平来决定。一般情况下，每公顷施用量为15～30t。有条件的地方可适当增施农家肥，这样更有利于提高产量和改善食用品质。

2. 种肥

普遍使用农家肥、化肥或农家肥与化肥混合做种肥。有机肥做种肥，必须充分腐熟细碎，顺播种沟条施或点施，然后覆土。一般每公顷施腐熟的羊粪或猪粪15~22.5t。化肥做种肥，以氮、磷、钾配合施用效果最好。例如：每公顷以450kg磷酸二铵与75kg尿素和450kg硫酸钾混合做种肥，均较单施磷酸二铵、尿素或硫酸钾增产10%左右。每公顷用尿素75~112.5kg，过磷酸钙450~600kg，草木灰375~750kg或硫酸钾375~450kg；或用75kg磷酸二铵加75kg尿素（或150kg碳酸氢铵）；或用105kg磷肥加75kg尿素（或150kg碳酸氢铵）做种肥，结合播种条施或点施在两块种薯之间，然后覆土盖严，均能达到投资少、收入高的经济效益。施用种肥时应拌施防治地下害虫的农药，可每公顷施入2%甲胺磷粉22.5·37.5kg或呋喃丹30kg。

3. 追肥

在施用基肥或种肥的基础上，生育期间还应根据生长情况进行追肥。据试验，同等数量的N肥，施种肥比追肥增产显著；追肥又以早追者效果较好，在苗期、蕾期、花期分别追施时，增产效果依次递减。所以追肥应在开花前进行，早熟品种最好在苗期追肥，中晚熟品种以蕾期前后追施较好。早追肥可弥补早期气温低、有机肥分解慢、不能满足幼苗迅速生长的缺陷。因此，早期追施化肥，可以促进植株迅速生长，形成较大的同化面积，提高群体的光合生产率。当植株进入块茎增长期，植株体内的养分即转向块茎，在不缺肥的情况下，就不必追肥，以免植株徒长，影响块茎产量。开花期以后，一般不再追施氮肥。

追肥应结合中耕或浇水进行，一般在苗期和蕾期分次追施，中晚熟品种可以适当增加追肥次数，以满足生育后期对肥料的需求。为了达到经济合理用肥，第一次在现蕾期结合中耕培土进行，以氮肥为主；第二次在现蕾盛期结合中耕培土进行，此时正是块茎形成膨大时期，需肥量较多，特别是需钾肥最多，所以应以追施钾肥为主，并酌情追施磷肥和氮肥。追肥主要用速效性肥料，常用硫酸铵、硝酸铵、尿素作为氮肥，过磷酸钙作为磷肥，硫酸钾作为钾肥。一般每公顷需纯氮90~105kg、磷60~75kg、钾105~150kg。根据这个标准，可按当地土壤肥力情况酌情增减施肥量。

四、收获与贮藏

（一）收获期的选择

马铃薯收获是栽培过程中田间作业的最后一个环节。收获的迟早与产量的高低和利用价值的好坏密切相关。

马铃薯块茎的成熟度与植株的生长发育密切相关。一般来讲，当茎叶枯黄，植株停止生长时，块茎中的淀粉、蛋白质、灰分等干物质含量达到最高限度，水分含量下降，薯皮粗糙老化，薯块容易脱落，这时就是马铃薯的成熟和适宜收获期。收获过早，块茎成熟度不够，干物质积累少，影响产量，薯皮幼嫩容易损伤，对储藏和加工都不利；收获过晚，增加病虫的侵染机会，易受冻害，影响储藏和食用品质。因此，马铃薯的收获时期应以栽培目的、气候条件和品种特性而定。但是无论任何情况下，收获工作必须在霜冻前收获完毕。

1. 依栽培目的而定

栽培的目的不同，收获期也不同。食用和加工薯以达到成熟期收获为宜，这样有利于干物质的积累和增加产量，也有利于储藏和运输。作为种薯则应适当提早收获，以利提高种用价值，减少病毒侵染。

病毒侵染马铃薯植株后，首先在被感染的细胞中增殖，再侵染附近的细胞。病毒在细胞间的转运速度是很慢的，每小时只有几微米，等病毒到达维管束的韧皮部后，就能以快得多的速度（每小时十几毫米）向块茎转运。可见，病毒从侵染上部到侵染块茎要相当长的时间。如能根据蚜虫预报所估计的病毒侵染时间，来确定种薯的适宜收获期，可在有病毒侵染的条件下获得无毒的种薯。

2. 依气候条件而定

一季作地区，应在早霜来临前收获。二季作地区，春马铃薯应在6月底至7月上中旬收获，秋马铃薯在9月底至10月上中旬收获。

3. 依品种及后作而定

中、早熟品种，可在植株枯黄成熟时收获，而晚熟品种和秋播马铃薯，常常不等茎叶枯黄成熟即遇早霜。所以在不影响后作和块茎不会受冻的情况下，可适当延迟收获期。

收获马铃薯应选择晴朗的天气，机械或手工收获均可，但要避免损伤薯块。收获的薯块不宜在烈日下暴晒，以免薯皮晒绿，影响食用品质。刚收获的薯块，最好先放在阴凉通风处风干，把病、烂、破、伤薯挑出来，然后再入窖储藏。同时，为了避免病菌传播，秋耕前必须把田间残留的茎叶清除干净。

（二）收获方法

马铃薯的收获质量直接关系到保产和安全储藏。收获前的准备、收获过程的安排和收获后的处理，每个环节都应做好，才能使辛勤劳动的果实不致因收获不当受到损失。

1. 收获前的准备

检修收获农具，不论机械或木犁都应修好备用。盛块茎的筐篓要有足够的数量，有条件的要用条筐或塑料筐装运，最好不用麻袋或草袋，以免新收的块茎表皮擦伤。还要准备好入窖前种薯和商品薯的临时预贮场所等。

2. 收获过程的安排

收获方式可用机械收获，也可用木犁翻、人力挖掘等。但不论用什么方式收获，第一要注意不能因使用工具不当，大量损伤块茎，如发现损伤过多时应及时纠正；第二收获要彻底，不能将块茎大量遗漏在土中。用机械收或畜力犁收后应再复查或耙地捡净。

收获时要先收种薯后收商品薯，如果品种不同，也应注意分别收获，不要因收获混杂功亏一篑。特别是种薯，应绝对保持纯度。

3. 收后处理

收获的块茎要及时装筐运回，不能放在露地，更不宜用发病的薯秧遮盖，要防止雨淋和日光暴晒，以免堆内发热腐烂和外部薯皮变绿。同时要注意先装运种薯后装运商品薯。要轻装轻卸，不要使薯皮大量擦伤和碰伤，并应把种薯和商品薯存放的地方分开，防止混杂。

五、贮藏

（一）马铃薯贮藏前的预处理

马铃薯收获后有明显的生理休眠期，一般为2~3个月，休眠期间新陈代谢减弱，抗性增强。即使处在适宜的条件下也不萌芽，这对贮藏很有利。

马铃薯品种较多，按皮色可分为白皮、红皮、黄皮和紫皮四种类型。其中以红皮种和黄皮种较耐贮藏。作为长期贮藏的马铃薯，应选用休眠期长的品种。栽培时首先要选择优势的种薯，做好种薯消毒工作。施肥时注意增施磷肥、钾肥。生育后期要减少灌水，特别要防止积水。收获前一周要停止浇水，以减少含水量，促使薯皮老化，以利于及早进入休眠和减少病害。

夏收的马铃薯应在雨季到来之前、秋收的马铃薯在霜冻到来之前，选择晴天和土壤干爽时收获，并在田间稍行晾晒。

马铃薯和甘薯一样需要进行愈伤处理，采收后在较高的温湿条件下（10～15℃，相对湿度95%）放置10～15d，以便恢复收获时的机械损伤，然后在3～5℃条件下进行贮藏。经过愈伤处理的块茎可以明显降低贮藏中的自然损耗和腐败病引起的腐烂。

此外，马铃薯贮藏前还要严格挑选，去除病、烂、受伤及有麻斑和受潮的不良薯块。

（二）马铃薯的贮藏条件

马铃薯收获以后，仍然是一个活动的有机体，在贮藏、运输、销售过程中，仍进行着新陈代谢，故称之为休眠期。休眠期是影响马铃薯贮藏和新鲜度的主要因素，可以分为3个阶段。

第一阶段为收获后的20～35d，称为薯块成熟期，也即贮藏早期。刚收获的薯块由于表皮尚未完全木栓化，薯块内的水分迅速向外蒸发，再加上呼吸作用旺盛，很容易积聚水气而引发腐烂，不能稳定贮藏。而通过这一阶段的后熟作用后，可以使马铃薯表皮充分木栓化，蒸发强度和呼吸强度逐渐减弱，从而转入休眠状态。

第二阶段为深休眠期，即贮藏中期。一般2个月左右，最长可达4个多月。经过前一段时间的后熟作用，薯块呼吸作用已经减慢，养分消耗也减低到最低程度，这时给予适宜的低温条件，可使这种休眠状态保持较长的时间，甚至可以延长休眠期，转为被迫休眠。

第三阶段称为休眠后期，也即贮藏晚期。这一阶段休眠状态终止，呼吸作用转旺，产生的热量积聚而使贮藏场所温度升高，加快了薯块发芽速度。此时，必须保持一定的低温条件，并加强贮藏场所的通风，维持周围环境中氧气和二氧化碳浓度在适宜的范围之内，从而使薯块处于被迫休眠状态，延迟其发芽。这一点对增加马铃薯的保鲜贮藏期非常重要。

另外，品种不同，休眠期的长短也不同，一般早熟品种休眠期长，晚熟品种休眠期短。此外，成熟度对休眠期的长短也有影响，尚未成熟的马铃薯茎的休眠期比成熟的长。贮藏温度也影响休眠期的长短，低温对延长休眠期十分有利。

马铃薯适宜的贮藏温度为3~5℃，相对湿度90%~95%。马铃薯在3℃以下贮藏会受冷变甜或者产生褐变。4℃是大部分品种的最适贮藏温度。此时块茎不易发芽或发芽很少，也不易皱缩，其他损失也小。马铃薯在4℃贮藏比在28~30℃贮藏休眠期长，特别是贮藏初期的低温对延长休眠期十分有利。一般马铃薯在10~15℃下2~3个月可保持不发芽，但2~3个月后则会发芽。

马铃薯在相对湿度90%以上时失水量少，但过湿容易腐烂或提早发芽，过干会变软而皱缩。为了防止马铃薯表面形成凝结水，要进行适当的通风，通风的同时也给块茎提供了适当的氧气，可防止长霉和黑心。

马铃薯贮藏应通风、避光。因为马铃薯如长期受到阳光照射，表皮容易变绿。光能促进马铃薯萌芽，发芽后的马铃薯品质下降，芽眼部位形成大量的茄碱苷，如超过正常含量（0.02%）便能引起人畜中毒，所以马铃薯应避光贮藏。气调贮藏一般不能延长马铃薯的贮藏期。

（三）马铃薯的贮藏方法

马铃薯贮藏宜选择休眠期长的早熟种，或在寒冷地区栽培，以红皮种和黄皮种较耐贮藏。栽培中要注意生长后期少灌水，增施磷肥、钾肥，选晴天，土壤适当干燥后适时收获。刚采集的薯块，外皮柔嫩，应放在地面晾晒1~2h，待表面稍干后收集。但夏季收获的不能久晒，收后应放到阴凉通风的室内、窖内或阴棚下堆放预贮，薯堆不高于0.5m，宽不超过2m。在堆中放一排通风管通风降温，并用草苫遮光。预贮期间，视天气情况，不定期检查倒动薯堆以免伤热。贮藏前应剔除病变损伤、虫咬、雨淋、受冻以及表皮有角斑等不良薯块。

1. 埋藏

马铃薯怕热、怕冻、怕碰，挖出的马铃薯应放在阴凉处停放20d左右，待表皮干燥后再进行埋藏。一般挖宽1.2m、深1.5~2.0m坑，长不限，底部垫层干沙。将马铃薯覆盖5~10cm厚干沙，埋三层，表面盖上稻草，再盖土20cm。沟内每隔1m左右放置一个用秸秆编织的气筒通风透气，通气筒高出地面40~50cm。严冬季节增加盖土厚度，并用草帘等将通气筒封闭堵塞，防雨雪侵入。

2. 堆藏

选择通风良好、场地干燥的仓库，用甲醛和高锰酸钾混合进行熏蒸消毒，经2~4h待烟雾消散后，即可将经过挑选和预冷的马铃薯进仓堆桩贮藏。每平方米可着地散堆750kg，四周用板条箱、萝筐或木板围好，高约1.5m，当中放进若干竹制通气筒通风散热。此法适用于短期贮藏和气温较低时秋马铃薯的贮藏。

3. 通风库贮藏

一般散堆在库内，堆高1.3～2m，每距2～3m垂直放一个通风筒。通风筒用木片或竹片制成栅栏状，横断面积0.3m×0.3m。通风筒下端要接触地面，上端伸出薯堆，以便于通风。如果装筐贮藏，贮藏效果也很好。贮藏期间要检查1～2次。

4. 香料贮藏

某些香料可防止马铃薯发芽，杏仁、桂皮、薄荷油、麝香草等香料不但可抑制马铃薯发芽，还能使食物更加美味可口，而最新的试验结果表明，它们还有益于保鲜。

5. 萘乙酸甲酯处理贮藏

南方地区夏秋季收获的马铃薯，由于缺乏适宜的贮藏条件，在其休眠期过后，就会萌芽。为抑制萌芽，可将98%纯萘乙酸甲酯15g，溶解在30g丙酮或酒精中，再缓缓拌入预先准备好的1～1.25kg干细泥中，尽快充分拌匀后装入纱布或粗麻布袋中。然后将配制好的药物均匀地撒在500kg薯块上，注意药物要现配现用，撒药均匀。将处理后的马铃薯进行散堆或装箱堆桩，并在四周遮盖1～2层旧报纸或牛皮纸。一般情况下，药物剂量越大，抑制发芽的时间越长。

6. 辐射贮藏

用γ射线同位素处理，能抑制马铃薯发芽。经γ射线处理后，薯块生长点及生长素的合成遭到破坏，使呼吸作用减弱。所用剂量为1万～2万伦琴。留种薯勿用γ射线处理。

（四）马铃薯的窖藏方法

选地势高、干燥、土质坚实、背风向阳的地方建窖。若是旧窖，要先晾窖7～8d降低窖内温度。入窖前2d，把窖打扫干净，最好把窖壁、窖底的旧土刮掉3～5cm厚，用石灰水消毒地面和墙壁。对于种薯要严格选去烂薯、病薯和伤薯，将泥土清理干净，堆放避光通风处。马铃薯种薯在窖内的堆放方法有堆积黑暗贮藏、薄摊散光贮藏、架藏、箱藏等。可贮藏3 000～3 500kg，但注意不能装得太满，以装到窖内容积的1/2为宜，最多不超过2/3，并注意窖口的启闭。

窖藏马铃薯入窖后，一般不倒动，窖藏期间的管理办法如下。

1. 空气管理

马铃薯块茎的贮藏窖内，必须保证有流通的清洁空气，以减少窖内的二氧化碳。如果通风不良，窖内积聚太多的二氧化碳，会妨碍块茎的正常呼吸。种薯长期贮藏在二氧化碳较多的窖内，就会增加田间的缺株率和长时期植株发育不良，结果导致产量下降。通风又可以调节贮藏窖内的温度和湿度，把外面清洁而新鲜的空气通入窖内，而把同体积的二氧化碳等排出窖外。

2. 温度管理

马铃薯在贮藏期间与温度的关系最为密切，作为种薯的贮藏，一般要求在较低的温度条件下贮藏，可以保证种用品质，使田间生育健壮和取得较高的产量。10—11月，马铃薯正处在后熟期，呼吸旺盛，分解出较多的二氧化碳、水分和热量，容易出现高温高湿，这时应以降温散热、通风换气为主，最适温度应在

4℃；贮藏中期的12月至翌年2月，正是气温处于严寒低温季节，薯块已进入完全休眠状态，易受冻害，这一阶段应是防冻保暖，温度控制在1~3℃；贮藏末期3—4月，气温转暖，窖温升高，种薯开始萌芽，这时应注意通风温度，控制在4℃。

3. 湿度管理

在马铃薯块茎的贮藏期间，保持窖内适宜的湿度，可以减少自然损耗和有利于块茎保持新鲜度。因此，当贮藏温度在1~3℃时，湿度最好控制在85%~90%，湿度变化的安全范围为80%~93%。在这样的湿度范围内，块茎失水不多，不会造成萎蔫，同时也不会因湿度过大而造成块茎的腐烂。

4. 定期消毒

入窖后用高锰酸钾和甲醛溶液熏蒸消毒杀菌（每120m²用500g高锰酸钾对700g甲醛溶液），每月熏蒸1次，防止块茎腐烂和病害的蔓延。并且每周用甲酚皂溶液将过道消毒1次，以防止交叉感染。

另外种藏期，老鼠的为害也不容忽视。

第三章
马铃薯侵染性病害防治

一、疮痂病

在北方二季作地区的秋季，马铃薯为害特别严重。不抗病的品种，秋播时几乎每个块茎都感染疮痂病，有的块茎表皮全部被病菌侵染，致使外貌和品质受到严重影响。

1. 病害特征

马铃薯疮痂病是一种细菌性病害。疮痂病主要为害块茎，病菌从薯块皮孔及伤口侵入，开始在薯块表面生褐色小斑点，以后扩大或合并成褐色病斑（图3-1）。病斑中央凹入，边缘木栓化凸起，表面显

图3-1 马铃薯疮痂病病斑

著粗糙，呈疮痂状。病斑虽然仅限于皮层，但病薯不耐贮藏，影响外观，商品价值下降，经济损失严重。

2. 发生规律

秋季播种早、土壤碱性、施未腐熟的有机肥料、结薯初期土壤干旱高温等，发病严重。放线菌在含石灰质土壤中特别多，在高温干旱条件下于这类土壤中种植不抗疮痂病的品种，往往发病严重。病菌发育最适温度为25～30℃，土壤温度21～24℃时，病害最为猖獗。低温、高湿和酸性土壤对病菌有抑制作用。

3. 防治方法

（1）选用高抗疮痂病的品种。

（2）在块茎生长期间，保持土壤湿度，特别是秋马铃薯薯块膨大期保持土壤湿润，防止干旱。秋季适当晚播，使马铃薯结薯初期避过高温。秋季马铃薯块茎膨大初期，小水勤浇，保持土壤湿润，降低地温。

（3）实行轮作倒茬，在易感疮痂病的甜菜地块以及碱性地块上不种植马铃薯。

（4）施用有机肥料，要充分腐熟。种植马铃薯地块上，避免施用石灰。秋季用1.5～2kg硫黄粉撒施后翻地进行土壤消毒，播种开沟时每亩再用1.5kg硫黄粉沟施消毒。

（5）药剂防治。可用0.2%的福尔马林溶液，在播种前浸种2h，或用对苯二酚100g，加水100L配成0.1%的溶液，于播种前浸种30min，而后取出晾干播种。

为保证药效，在浸种前需清理块茎上的泥土。农用链霉素、新植霉素、春雷霉素、氢氧化铜等药剂对病菌也有一定的杀灭作用。

二、环腐病

1. 病害特征

地上部染病分枯斑和萎蔫两种类型。枯斑型多在植株基部复叶的顶上先发病，叶尖和叶缘及叶脉呈绿色，叶肉为黄绿或灰绿色（图3-2），具明显斑驳，且叶尖干枯或向内纵卷，病情向上扩展，致全株枯死；萎蔫型初期则从顶端复叶开始萎蔫，叶缘稍内卷，似缺水状，病情向下扩展，全株叶片开始褪绿，内卷下垂，终致植株倒伏枯死（图3-3）。块茎发病，切开可见维管束变为乳黄色以至黑褐色，皮层内现环形或弧形坏死部（图3-4、图3-5），故称环腐。经贮藏块茎芽眼变黑干枯或外表爆裂，播种后不出芽，或出芽后枯死或形成病株。病株的根、茎部维管束常变褐，病蔓有时溢出白色菌脓。

图3-2 环腐病病叶

图3-3 环腐病植株

2. 发生规律

该菌在种薯中越冬，成为翌年初侵染源，病薯播下后，一部分芽眼腐烂不发芽，一部分出土的病芽，病菌沿维管束上升至茎中部，或沿茎进入新结薯块而致病。适合此菌生长温度为

20 ～ 23℃，最高31 ～ 33℃，最低1 ～ 2℃。致死温度为干燥情况下50℃经10min。最适pH值6.8 ～ 8.4，传播途径主要是在切薯块时，病菌通过切刀带菌传染。

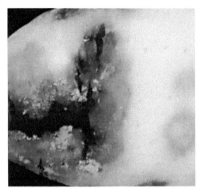

图3-4　块茎外部症状　　　　　图3-5　块茎内部症状

3. 防治方法

（1）选用种植抗病品种。

（2）建立无病留种田，尽可能采用整薯播种。切块要严格切刀消毒，每切一个块茎换一把刀或消毒一次。消毒可采用火焰烤刀、开水煮刀，或用75％酒精、0.2％L汞水、0.1％高锰酸钾等消毒。有条件的最好与选育新品种结合起来，利用杂交实生苗，繁育无病种薯。

（3）播前剔除病薯。把种薯先放在室内摊放5 ～ 6d，进行晾种，不断剔除烂薯，使田间环腐病大为减少。此外用50mg/kg硫酸铜浸泡种薯10min有较好效果。

（4）结合中耕培土，及时拔除病株，携出田外集中处理。

（5）可用50％甲基托布津可湿性粉剂500倍液浸种薯2h，然后晾干后播种。也可用种薯重量1.1％的敌克松加适量干细土混匀后拌种，随拌随播。

三、早疫病

马铃薯早疫病是马铃薯叶片上的一种主要病害，也能为害叶柄、茎和薯块，因其在叶片上发生时病斑呈轮纹状，也称马铃薯轮纹病。该病如在马铃薯生长早期发生，可以使马铃薯叶片干枯脱落，田间植株成片枯黄，块茎产量严重下降，该病如在马铃薯生长后期发生，对田间产量影响不大。

1. 病害特征

叶片发病后，最初为褐色圆形的小斑点，后逐渐扩大呈暗褐色至黑色的带有同心轮纹的病斑（图3-6）。病健交接部有狭窄的黄色晕圈，多从植株下部叶片发生，逐渐向上部蔓延（图3-7）。当湿度大时，病斑

图3-6　同心圆病斑

表面有黑色霉层。茎秆染病后出现黑褐色病斑，呈长线条状，稍凹陷，后期扩大成椭圆形病斑，严重时上部叶片枯黄脱落，至整株枯死。块茎染病后，表皮产生大小不一、微凹陷的病斑，呈黑色，病健部明显，皮下组织呈褐色干腐状（图3-8）。

图3-7　叶片后期症状

图3-8　块茎症状

2. 发生规律

病原菌分生孢子最适宜侵染温度为12～16℃，发病最适温度为24～30℃，而相对湿度要在80%以上，早晨、傍晚或雨天有水滴形成时侵染率更高。马铃薯品种间抗病性差异大，总体来说，早熟品种容易感病，而晚熟品种相对抗病，同时不同生育期发病率不一样，苗期至初花前抗性较强，花期至生长末期抗性逐渐减弱。偏施氮肥、磷肥会导致发病加重。

3. 防治方法

（1）选用早熟耐病品种，适当提早收获。

（2）选择土壤肥沃的高燥田块种植，增施有机肥，推行配方施肥，提高寄主抗病力。

（3）发病前开始喷洒75%百菌清可湿性粉剂600倍液，或用64%杀毒矾可湿性粉剂500倍液、40%克菌丹可湿性粉剂400倍液、1∶1∶200波尔多液、77%可杀得可湿性微粒粉剂500倍液；隔7~10d 1次，连续防治2~3次。

四、晚疫病

晚疫病是马铃薯病害中发生较为普遍，为害较为严重的一种病害，多年来大面积发生成灾。在多雨、气候冷湿的年份，受害植株提前枯死，损失可达20%~40%。

1. 病害特征

马铃薯晚疫病可为害叶、茎及块茎。叶部病斑大多先从叶尖或叶缘开始（图3-9），初为水浸状褪绿斑，后渐扩大，在空气湿度大时，病斑迅速扩大，可扩及叶的大半以至全叶，并可沿叶脉侵入叶柄及茎部，形成褐色条斑。最后植株叶片萎垂，发黑，全株枯死（图3-10）。在茎上的症状，茎秆发黑，叶芽干枯。湿度大的情况下在叶片背面、茎秆上的病健交界处会出现灰白色的霉层（图3-11），在天气干燥的时候霉层不明显。

图3-9　叶部病斑

图3-10　全株枯死

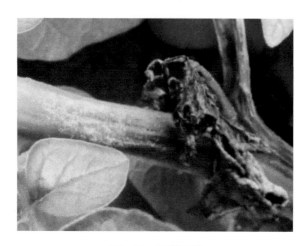

图3-11　茎部病斑

2. 发生规律

马铃薯晚疫病菌主要以菌丝体在块茎中越冬，带菌种薯是病害侵染的主要来源。病薯播种后，多数病芽失去发芽能力或出土前腐烂，少数病薯的越冬菌丝随种薯发芽而开动、扩展并向幼芽蔓延，形成病菌，即中心病株。出现中心病株后，病部产生分生孢子囊，借风雨传播再侵染。病菌从气孔或直接穿透表皮侵入叶片，而为害块茎时则通过伤口、皮孔和芽眼侵入。

晚疫病在多雨年份易流行成灾，地势低洼排水不良的地块发病重，平地较垄地发病重。过分密植或株型高大可使小气候增加湿度，有利于发病。偏施氮肥引起植株徒长，或者土壤瘠薄缺氧或黏重土壤使植株生长衰弱，均有利于病害发生。增施钾肥可提高植株抗病性，减轻病害发生。马铃薯的不同生育期对晚疫病的抗病力也不一致，一般幼苗抗病力强，而开花期前后最容易感病。叶片着生部位也影响发病，顶叶最抗病，中部次之，底叶最容易感病。

3. 防治方法

防治马铃薯晚疫病，应以推广抗病品种、选用无病种薯为基础，并结合进行消灭中心病株、药剂防治和改进栽培技术等综合防治。

（1）选育和利用抗病品种。

（2）建立无病留种地、选用无病种薯和种薯处理。无病留种田应与大田相距2.5km以上，以减少病菌传播侵染机会，并严格施行各种防治措施。选用无病种薯也是防病的有效措施，可在发病较轻的地块，选择无病植株单收、单藏，留作种用。对种薯处理，可用200倍福尔马林液浸种5min，而后堆积覆盖严密，闷种2h，再摊开晾干。

（3）加强栽培管理。中心病株出现应立即清除，或摘去病叶就地深埋。生长后期培土，减少病菌侵染薯块的机会，缩小株距，或在花蕾期喷施90mg/kg多效唑药液，控制地上部植株生长，降低田间小气候湿度，均可减轻病情。在病害流行年份，适当提早割蔓，2周后再收取薯块，可避免薯块与病株接触机会，降低薯块带菌率。

（4）药剂防治。在马铃薯开花前后，田间发现中心病株后，立即拔除深埋，并喷洒药剂进行防治。可使用克露100g/亩全田均匀喷洒，进行预防保护性防治，用抑快净每亩40g喷雾施药，间隔期为5～10d施药1次，正常天气条件下间隔7～10d用药。25%甲霜灵可湿性粉剂800倍液，或用65%代森锌可湿性粉剂500倍液，64%杀毒矾可湿性粉剂500倍液，40%乙磷铝可湿性粉剂500倍液，75%百菌清可湿性粉剂600～800倍液喷雾。每隔7～10d喷药1次，连续喷药2～3次。如干旱少雨，喷药间隔天数可适当延长。

在高湿多雨条件下应间隔5～7d用药1次。根据病情发生风险的大小可适当调整用药次数。

五、黑胫病

马铃薯黑胫病在马铃薯产区均有不同程度发生，发病率一般为2%~5%，严重的达20%~30%。马铃薯黑胫病是危害马铃薯的一种重要病害，整个生长发育期均可发生，主要为害植株茎基部和块茎，在田间造成缺苗断垄及块茎腐烂，发病特点是发病早、发病快、死亡率高、防治困难。

1. 病害特征

该病从苗期到生育后期均可发生，主要为害植株茎基部和薯块。当幼苗生长到15~20cm开始出现症状，表现植株矮小（图3-12），叶色褪绿黄化，节间短缩或上卷，茎基以上部位组织发黑腐烂（图3-13），最终萎蔫而死，故称为黑胫病。由于植株茎基部和地下部受害，影响水分和养分的吸收和传导，造成不能结薯或结薯后停止生长并发生腐烂，且根系不发达，易从土中拔出。茎部发黑后，横切茎可见三条主要维管束变为褐色。薯块染病始于脐部，呈放射状向髓部扩展，病部黑褐色，横切可见维管束亦呈黑褐色，用手压挤皮肉不分离。湿度大时，薯块变为黑褐色，腐烂发臭，别于青枯病。

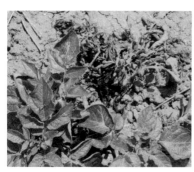

图3-12　植株矮小

图3-13　茎基以上部位组织发黑腐烂

2. 发生规律

该病是细菌引起的病害，通过种薯带菌传播，土壤一般不带菌。带菌种薯和田间未完全腐烂的病薯是病害的初侵染源，用刀切种薯是病害扩大传播的主要途径。病菌主要是通过伤口侵入寄主，在切薯块时扩大传染，引起更多种薯发病，再经维管束髓部进入植株，引起地上部发病。随着植株生长，侵入根、茎、匍匐茎和新结块茎，并从维管束向四周扩展，侵入附近薄壁组织的细胞间隙，分泌果胶酶溶解细胞壁的中胶层，使细胞离析，组织解体，呈腐烂状。病害发生程度与温湿度有密切关系，气温较高时发病重，高温高湿有利于细菌繁殖和为害。播种前，种薯切块堆放在一起，不利于切面伤口迅速形成木栓层，也会使发病率增高。雨水多、土壤黏重而排水不良、低洼地发病重。田间病菌还可通过灌溉水、雨水或昆虫传播从伤口再侵染健株。

3. 防治方法

（1）选用抗病品种。

（2）选用无病脱毒种薯。

（3）切块用草木灰拌种后立即播种。

（4）适时早播，注意排水，降低土壤湿度，提高地温，促进早出苗。

（5）及时摘除病株。田间发现病株应及时全株拔除，集中销毁，在病穴及周边撒少许熟石灰。后期病株要连同薯块提前收获，避免同健壮植株同时收获，防止薯块之间病害传播。

（6）药剂防治。发病初期可用100mg/kg农用链霉素喷雾，也可选用40%可杀得600~800倍液防治，或用20%喹菌酮可湿性粉剂1 000~1 500倍液喷洒，或用72%甲霜灵锰锌兼治晚疫病，也可用波尔多液灌根处理。

（7）种薯入窖前要严格挑选，入窖后加强管理，窖温控制在
1~4℃，防止窖温过高，湿度过大。

六、炭疽病

马铃薯炭疽病是马铃薯生产上一种重要的病害，该病可为害
马铃薯茎块、葡匐枝、根、茎、叶。

1. 病害特征

马铃薯叶片染病后，叶片颜色变淡，顶端叶片稍向上反卷
（图3-14），在叶片上形成近圆形或不定形的赤褐色至褐色坏死
斑（图3-15），后转变为灰褐色，边缘明显，相互汇合形成大的
坏死斑。为害严重时也可侵染块茎，引起植株萎蔫（图3-16）和
块茎腐烂。

图3-14 叶片反卷 　　　　　　图3-15 叶片褐色坏死斑

2. 发生规律

病菌主要以菌丝体在种薯或病残体中越冬，翌年产生分生孢
子随雨水传播，分生孢子产生芽管，从植株伤口或直接侵入，高
温、高湿条件下传播蔓延迅速。

图3-16　马铃薯炭疽病病茎

3. 防治方法

（1）农业防治。一是选用健康种薯；二是合理轮作，避免与茄科作物轮作。

（2）化学防治。发病初期开始喷洒75%嘧菌酯·戊唑醇水分散粒剂3 000倍液，或50%多·硫悬浮剂500倍液，或50%多菌灵可湿性粉剂800倍液、80%炭疽福美可湿性粉剂800倍液、70%甲基硫菌灵可湿性粉剂1 000倍液加75%百菌清可湿性粉剂1 000倍液。

七、白绢病

马铃薯白绢病是马铃薯上常见病害之一，分布普遍，主要在我国南方地区发生。一般病株率10%～15%，可造成明显减产。贮藏期间，造成大量薯块腐烂。

1. 病害特征

该病主要为害薯块，有时也为害茎基部。薯块受侵染后，在病部密生白色绢丝状白色霉层（图3-17），扩展后呈放射状，后期形成黄褐至棕褐色圆形粒状小菌核，剖开病薯，皮下组织变褐腐烂（图3-18）。茎基感病后，初期略呈水渍状，后在病部产生绢丝状白色霉层，后期形成紫黑色近圆形粒状小菌核，植株叶片变黄至枯死。

图3-17　白绢病

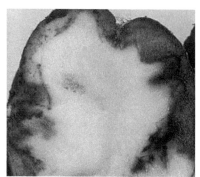

图3-18　薯块褐色

2. 发生规律

病菌以菌核或菌丝遗留在土中或病残体上越冬。田间主要通过雨水、灌溉水、土壤、病株残体、肥料及农事操作等传播蔓延。菌核抗逆性强，耐低温，萌发后产生菌丝，从根部或近地表茎基部侵入，形成中心病株，后在病部表面生白色绢丝状菌丝体及圆形小菌核，再向四周扩散。菌丝不耐干燥，发育适温32～33℃，最高40℃，最低8℃，耐酸碱度范围pH值为1.9～8.4，最适pH值为5.9。在我国南方种植区域，6—7月高温、高湿、栽植过密，行间通风透光不良，施用未充分腐熟的有机肥及连作地发病重。

3. 防治方法

（1）农业防治。① 轮作。与禾本科作物轮作或水旱轮作。② 施用充分腐熟的有机肥，适当追施硫酸铵、硝酸钙。③ 调整土壤酸碱度，结合整地，每亩施消石灰100～150kg，调节土壤呈中性至微碱性。

（2）化学防治。用20%五氯硝基苯粉剂每亩1kg加1kg细土施于茎基部土壤上。或用70%甲基硫菌灵可湿性粉剂800倍液，或20%三唑酮乳油2 000倍液，每隔7～10d喷施或灌穴1次。

八、粉痂病

粉痂病是真菌性病害，在南方一些地区常造成不同程度的产量损失。患粉痂病的植株生长势差，产量急剧下降。受害的块茎后期和疮痂病相似，块茎外形受到严重影响，降低商品价值，而且患病块茎不易贮藏。

1. 病害特征

主要发生于块茎、匍匐茎和根上。块茎染病初在表皮上出现针头大的褐色小斑，外围有半透明的晕环，后小斑逐渐隆起、膨大，成为直径3～5mm不等的疱斑，其表皮尚未破裂，为粉痂的"封闭疱"阶段（图3-19）。后随病情的发展，疱斑表皮破裂、皮卷，皮下组织出现橘红色，散出大量深褐色粉状物（孢子囊球），疱斑下陷，外围有晕环，为粉痂的"开放疱"阶段。根部染病，于根的一侧长出豆粒大小单生或聚生的瘤状物。

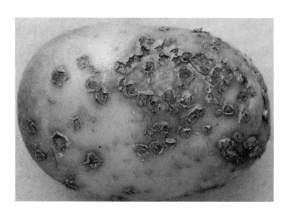

图3-19　粉痂病

2. 发生规律

病菌以休眠孢子囊球在种薯内或随病残物遗落土壤中越冬，病薯和病土成为翌年的初侵染源。病害的远距离传播靠种薯的调运，田间近距离的传播则靠病土、病肥、灌溉水等。休眠孢子囊在土中可存活4～5年，当条件适宜时，萌发产生游动孢子。游动孢子静止后成为变形体，从根毛、皮孔或伤口侵入寄主，变形体在寄主细胞内发育，分裂为多核的原生质团，到生长后期，原生质团又分化为单核的休眠孢子囊，并集结为海绵状的休眠孢子囊球，充满寄主细胞内。病组织崩解后，休眠孢子囊球又落入土中越冬或越夏。土壤湿度90%左右，土温18～20℃适于病菌的发育，因而发病也重。一般雨量多、夏季较凉爽的年份易发病。在马铃薯结薯期间阴雨连绵，土壤湿度大，最易发病。

3. 防治方法

（1）选用无病种薯，把好收获、贮藏、播种关，剔除病薯，必要时可用50%烯酰吗啉可湿性粉剂、或用70%代森锌可湿性粉剂、或用2%盐酸溶液、或用40%福尔马林200倍液浸种5min，或用40%福尔马林200倍液将种薯浸湿，再用塑料布盖严闷2h，晾干播种。或在播种穴中施用适量的豆饼对粉痂病有较好的防治效果。

（2）实行轮作，发生粉痂病的地块5年后才能种植马铃薯。

（3）履行检疫制度，严禁从疫区调种。

（4）增施基肥或磷钾肥，多施石灰或草木灰，改变土壤pH值。加强田间管理，采用起垄栽培，避免大水漫灌，防止病菌传播蔓延。

（5）药剂防治，见疮痂病。

九、干腐病

马铃薯干腐病为真菌性病害，是马铃薯贮藏期的重要病害，发生普遍，损失10%～20%，严重时达30%以上，主要在贮藏期间为害，也可在播种块茎时侵染。

1.病害特征

受害块茎发病初期仅局部变褐，稍凹陷（图3-20），扩大后病部出现很多褶皱，呈同心轮纹状，其上有时长出灰白色的绒状颗粒，剖开病薯可见空心，空腔内长满菌丝，薯内则变为深褐色或灰褐色（图3-21），终致整个块茎僵缩成干腐状，不能食用。

2.发生规律

干腐病病菌主要在土壤中越冬，通常在土壤中可存活几年。在种薯表面繁殖存活的病菌可成为主要的侵染来源，条件适宜时，病菌经伤口或芽眼侵入，又经操作或贮存薯块的容器及工具污染传播、扩大为害，被侵染的种薯和芽块腐烂，又可污染土壤，以后又附在被收获的块茎上或在土壤中越冬。病害在5～30℃

范围内均可发生，以15～20℃为适宜。较低的温度，加上高的相对湿度，不利于伤口愈合，会使病害迅速发展。在块茎收获时通常干腐病表现为耐病，但贮藏期间感病性提高，早春种植时达到高峰，播种时土壤过湿易于发病，收获期间造成伤口多则易受侵染，不同马铃薯品种间存在抗性差异。干腐病发生特点：病原在5～30℃条件下均能生长，贮藏条件差，通风不良利于发病。

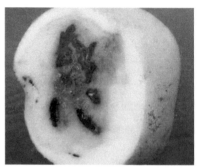

图3-20　局部变褐稍凹陷　　　　图3-21　薯内变褐色

3.防治方法

生长后期注意排水，收获时避免伤口，收获后充分晾干再入库，严防碰伤。贮藏期间保持通风干燥，避免雨淋，温度以1～4℃为宜，发现病烂块茎随时清除。

十、青枯病

青枯病是一种世界性病害，尤其在温暖潮湿、雨水充沛的热带或亚热带地区更为重要。在长城以南大部分地区都可发生青枯病，黄河以南、长江流域地区青枯病最重，发病重的地块产量损失达80%左右，已成为毁灭性病害。青枯病最难控制，既无免疫抗原，又可经土壤传病，需要采取综合防治措施才能收效。

1. 病害特征

在马铃薯整个生育期均可发生。植株发病时出现一个主茎或一个分枝急性萎蔫青枯，其他茎叶暂时照常生长，几日后，又同样出现上述症状以致全株逐步枯死（图3-22）。发病植株茎干基部维管束变黄褐色（图3-23）。若将一段病茎的一端直立浸于盛有清水的玻璃杯中，静止数分钟后，可见到在水中的茎端有乳白色菌脓流出，此方法可对青枯病进行确定。块茎被侵染后，芽眼会出现灰褐色，患病重的切开可以见到环状腐烂组织（图3-24和图3-25）。

图3-22 病株矮缩、叶片浅绿

图3-23 横剖可见维管束变褐

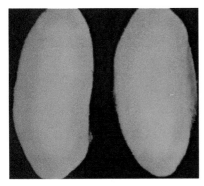

图3-24 马铃薯块前期症状

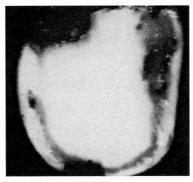

图3-25 马铃薯块后期症状

2. 发生规律

青枯病主要通过带病块茎、寄生植物和土壤传病。播种时有病块茎可通过切块的切刀传给健康块茎。种植的病薯在植株生长过程中根系互相接触，也可通过根部传病；中耕除草、浇水过程中土壤中的病菌可通过流水、污染的农具及鞋上黏附的带病菌土传病；杂草带病也可传染马铃薯等。但种薯传病是最主要的，特别是潜伏状态的病薯，在低温条件下不表现任何症状，在温度适宜时才出现症状。病苗繁殖最适宜的温度为30℃，田间土温14℃以上，日平均气温20℃以上时植株即可发病，而且高温、高湿对青枯病发展有利。病菌在土壤中可存活14个月以上，甚至许多年。

3. 防治方法

（1）选用抗病品种。对青枯病无免疫抗原材料，选育的抗病品种只是相对病害较轻，比易感病品种损失较小，所以仍有利用价值。主要抗病品种有阿奎拉、怀薯6号、鄂芋783-1等。

（2）利用无病种薯。在南方疫区所有的品种都或多或少感病，若不用无病种薯更替，病害会逐年加重，后患无穷。所以应在高纬度地区，建立种薯繁育基地，培育健康无病种薯，利用脱毒的试管苗生产种薯，供应各地生产上用种，当地不留种，过几年即可达防治目的。此方法虽然人力物力花费大些，但却是一项最有效的措施。

（3）采取整薯播种，减少种薯间病菌传播。实行轮作，消灭田间杂草，浅松土，锄草尽量不伤及根部，减少根系传病机会等。

（4）禁止从病区调种，防止病害扩大蔓延。

（5）药剂防治。发病初期可用农用链霉素5 000倍液，或用50%氯溴异氰尿酸可溶性粉剂1 200倍液，或用铜制剂灌根，每7～10d施药1次，连施2～3次，具有一定效果。

十一、软腐病

马铃薯软腐病主要在生长后期、贮藏期对薯块为害严重，主要为害叶、茎及块茎。

1. 病害特征

受害块茎初期在表皮上显现水浸状小斑点（图3-26），以后迅速扩大，并向内部扩展，呈现多水的软腐状（图3-27），腐烂组织变褐色至深咖啡色，组织内的菌丝体开始白色，后期变为暗褐色。湿度大时，病薯表面形成浓密、浅灰色的絮状菌丝体，以后变灰黑色，间杂很多黑色小球状物（孢子囊）。后期腐烂组织形成隐约的环状，湿度较小时，可形成干腐状。块茎染病多从皮层伤口引起，开始水浸状，以后薯块组织崩解，发出恶臭。在30℃以上时往往溢出多泡状黏稠液，腐烂中若温、湿度不适宜则病斑干燥，扩展缓慢或停止，在有的品种上病斑外围常有一变褐环带。

图3-26　受害块茎初期　　　　图3-27　腐烂状

2. 发生规律

病原在病残体上或土壤中越冬，经伤口或自然裂口侵入，借雨水飞溅或昆虫传播蔓延。病原细菌潜伏在薯块的皮孔内及表皮上，遇高温、高湿、缺氧，尤其是薯块表面有薄膜水，薯块伤口愈合受阻，病原细菌即大量繁殖。在薯块薄壁细胞间隙中扩展，同时分泌果胶酶降解细胞中胶层，引起软腐。腐烂组织在冷凝水传播下侵染其他薯块，导致成堆腐烂。在土壤、病残体及其他寄主上越冬的软腐细菌在种薯发芽及植株生长过程中可经伤口、幼根等处侵入薯块或植株。

3. 防治方法

收获时避免造成机械伤口，入库前剔除伤、病薯，用0.05%硫酸铜液剂或0.2%漂白粉液洗涤或浸泡薯块可以杀灭潜伏在皮孔及表皮的病菌。贮藏中早期温度控制在13～15℃，经2周促进伤口愈合，以后在5～10℃通风条件下贮藏。

十二、黄萎病

马铃薯黄萎病是马铃薯生产上的一种重要病害，又称早死病或早熟病，国内各马铃薯主产区均有发生。

1. 病害特征

整个生育期均可侵染，症状多在马铃薯生长中后期出现，植株染病后，在下部叶片近边缘的区域和叶脉间褪绿变黄（图3-28），后变褐干枯（图3-29），但不卷曲，直到全部叶片枯死（图3-30），但不脱落。当叶片黄化后，剖开根茎，维管束变褐色（图3-31），块茎染病始于脐部，纵切病薯可见"八"字半圆形变色环。

2. 发生规律

该病为土传性维管束病害，病菌以微菌核在土壤、病残体及薯块上越冬，翌年种植带菌的马铃薯即引起发病。病菌在体内蔓延，在维管束内繁殖，并扩展到枝叶上，该病不能在当年进行重复侵染。病菌发育温度范围为5~30℃，最适温度为19~24℃。气温低时，伤口愈合慢的情况下利于病菌侵入。地势低洼、施用未腐熟的有机肥、灌水不当及连作地发病重。

图3-28　叶片变黄

图3-29　黄萎病植株枯死

图3-30　黄萎病后期大田状

图3-31　茎部症状

3. 防治方法

（1）农业防治。

①选育抗病品种。②施用充分腐熟的有机肥。③与非茄科作物实行4年以上的轮作。

（2）化学防治。

① 种薯播种前进行药剂浸种，可选用50%多菌灵可湿性粉剂500倍液浸种1h。② 发病初期可选用65%十二烷胍可湿性粉剂800～1 000倍液、37%多菌灵草酸盐可溶性粉剂500倍液进行喷施。

十三、癌肿病

癌肿病是一种真菌性病害。不抗病的品种感染癌肿病，可造成毁灭性的损失，发病轻的减产30%左右，重的减产90%，甚至绝收。感病块茎品质变劣，无法食用，完全失去利用价值，而且块茎感病后易于腐烂。这种病还侵染番茄、龙葵等，病菌可在土壤中潜存很多年，很难防治。

1. 病害特征

马铃薯癌肿病是由真菌所引起的一种植物病害，具有防治困难、危害性大，可随种薯，牡畜粪便、流水传播的特点。马铃薯癌肿病主要为害植株地下部分，薯块和匍匐茎上发生普遍（图3-32至图3-34）。被害块茎的芽眼和匍匐茎，由于病菌刺激细胞不断分裂，形成大小不一、形状不定、粗糙凸起的肿瘤，状如花椰菜。受害薯块表面常龟裂。癌瘤组织前期黄白色，露出土表部分变为绿色，后期变黑褐色。组织松软，易腐烂并产生恶臭味，有褐色黏液物。贮藏期间病薯仍能发展，甚至造成烂窖。病薯变黑，发出恶臭味；经长时间煮沸不易变软，难以食用。地上部受害，外观与健株差异不明显，但后期病株较健株高，保绿期限比健株长，分枝多，结浆果多。重病株的茎、叶、花均可受害而形成癌肿病变或畸形。

图3-32　根茎部的肿瘤

图3-33　块茎上长出的肿瘤

图3-34　植株上长出的肿瘤

2. 发生规律

一旦种植的马铃薯在田间发病，病菌孢子很难从土壤中消灭。癌肿病菌孢子在土壤中潜伏20年仍有生命力。除马铃薯块茎可以带病传播外，农具和人、畜带的有菌土壤，都可能传播。病薯块和薯秧也常混入肥料中致使厩肥传病等。癌肿病的休眠孢子抗逆性特别强，在80℃高温下能忍耐20h，在100℃的水中能存活10min左右。孢子侵入块茎的温度为3.5～24℃，最适温度为15℃。在土壤湿度为最大持水量的70%～90%时，地下部发病最严重，土壤干燥时发病轻。

3. 防治方法

（1）选用抗病品种，如米拉、费乌瑞它等。

（2）对疫区进行严格封锁，该地区的马铃薯禁止外运，以防病害蔓延。

（3）利用脱毒茎尖苗，快繁高度抗病品种，尽快更替不抗病的品种。

十四、病毒性病害

1. 病害特征

常见的马铃薯病毒病有3种。

花叶型：叶面叶绿素分布不均，呈浓淡绿相间或黄绿相间斑驳花叶（图3-35），严重时叶片皱缩，全株矮化，有时伴有叶脉透明。

坏死型：叶、叶脉、叶柄及枝条、茎部都可出现褐色坏死斑，病斑发展连接成坏死条斑，严重时全叶枯死或萎蔫脱落（图3-36）。

图3-35　花叶型　　　　　　　图3-36　坏死型

卷叶型：叶片沿主脉或自边缘向内翻转（图3-37），变硬、革质化，严重时每张小叶呈筒状。此外还有复合侵染，引致马铃薯发生条斑坏死。

图3-37　卷叶型

2. 发生规律

病毒可通过蚜虫及汁液摩擦传毒。田间管理条件差，蚜虫发生量大、发病重。此外，25℃以上高温会降低马铃薯对病毒的抵抗力，也有利于传毒媒介蚜虫的繁殖、迁飞或传病，从而利于该病扩展，加重受害程度，故一般冷凉山区栽植的马铃薯发病轻。品种抗病性及栽培措施都会影响本病的发生程度。

3. 防治方法

（1）采用无毒种薯，各地要建立无毒种薯繁育基地，原种田应设在高纬度或海拔高的地区，并通过各种检测方法汰除病薯，推广茎尖组织脱毒种薯。

（2）培育或利用抗病或耐病品种。

（3）苗前后及时防治蚜虫。尤其靠蚜虫进行非持久性传毒的条斑花叶病毒更要防好。

（4）改进栽培措施。及早拔除病株；实行精耕细作，高垄栽培，及时培土；避免偏施过施氮肥，增施磷钾肥；注意中耕除草；控制秋水，严防大水漫灌。

（5）发病初期喷洒1.5%植病灵乳剂1 000倍液，或用20%病毒A可湿性粉剂500倍液。

十五、根结线虫病

马铃薯根结线虫病是马铃薯生产上的重要病害，马铃薯受害后，严重影响马铃薯的品质和产量。

1. 病害特征

该病主要为害马铃薯根部和地下块茎，根部受害后在根上形成许多大小不等的肿瘤（图3-38），初为乳黄色，近球形至葫芦状，后发展成形状各异的肿根。块茎受害后，表皮层形成多个大小不一的肿瘤状突起，剖开后可见乳白色的肿瘤状突起，也可见乳白色梨形状根结线虫雌虫。马铃薯受害后，地上植株部分表现为生长不良，叶片着生斑点或黄化，叶丛萎蔫，严重时地上部分死亡。

2. 发生规律

该虫以二龄幼虫或卵在土壤中越冬。越冬卵孵化后从嫩根或块茎侵入，刺激细胞增生，形成瘤状根结，幼虫在寄主体内发育至四龄后进行交尾产卵，卵孵化成幼虫后至二龄阶段离开卵壳，脱离寄主，进入土中进行再侵入或越冬。该虫多处于20cm的表土

图3-38　马铃薯根结线虫病症状

层中，主要活动层在3～10cm。通过病土、病苗和浇水传播，中性沙壤、结构疏松的土壤发病严重，长期连作将加重该病的发生。

3. 防治方法

（1）农业防治。

① 选用无病种薯。② 不要将病薯作为饲料，以防通过牲畜消化道进入粪便传播。③ 前茬收获拉秧后仔佃清除植株残根，深翻土壤，减少病源。

（2）药剂防治。可选用20％呋虫胺可溶剂500倍液灌根处理，减轻根结线虫的发生危害；也可选用10％的噻唑磷颗粒剂500g与10～15kg细土混合均匀撒施、盖土、浇水至土湿润即可。

第四章
马铃薯非侵染性病害防治

一、低温冷害

由低温引起，主要危害马铃薯幼苗、储藏的块茎。

1. 主要症状

受冻的叶片变褐，当潮湿时变黑（图4-1），植株上部首先受冻。早春在同一地块的洼地，通常是低的部位，可能是唯一受冻害的。尽管产量可能下降，但植株通常能从早期伤害下恢复过来（春季早熟栽培受晚霜危害）。低温过后叶原基可能受到伤害，但不是真正的受冻组织，受到冻害后，叶片的形态可能会变得卷曲，有黄色的斑块或局部病斑，或者有一些小空洞。

块茎受害，淀粉大量转化成糖分；急剧的降温达到0℃以下，会使块茎的维管束环变褐或薯肉变黑，严重时，薯肉薄壁细胞结冰，造成薯肉失水、萎缩。受冻的块茎解冻后软化成海绵状，有水液从受伤处和芽眼处渗出。横切块茎变成粉红色，然后转成黑色并腐烂。受冻块茎干燥后坚硬白垩化（冬季）。受低温伤害的块茎不能作种用。

图4-1　植株冻害

2. 防治方法

应根据各地自然条件和无霜期，选择适宜的马铃薯栽培品种或品系，调节好播种期，躲过早霜或晚霜的危害。二季作区春季早熟栽培注意防晚霜，秋季培土适当加厚以防霜冻，保护块茎。冬季储藏注意防冻，以1～4℃为宜。北方一季作区对窖藏的块茎，应严格控制储藏温度，储藏种薯应保持2～4℃，食用薯为4～6℃，加工原料薯8～10℃。

二、高温危害

1. 主要症状

高温造成小叶尖端和叶缘褪绿，变褐，最后叶尖变成黑褐色而枯死，枯死部分呈向上卷曲状（图4-2），俗称"日烧"。保护地温室、大棚进行早熟栽培时，应注意高温为害。

图4-2　高温危害状

2. 防治方法

在高温干燥天气来临前，进行田间灌溉，增施有机肥料，增强土壤保水能力，分期培土，减少伤根等都可以减轻此危害。保护地栽培注意通风降温，及时揭去塑料薄膜。

三、药害

1. 主要症状

近年来，用于病虫草鼠害防治的农药种类不断增加，有些农民忽视使用农药的注意事项，没有严格掌握农药的稀释倍数、用量、使用次数、时间和农药残留时效，而盲目使用，因而时常发生药害。受药害的马铃薯主要表现在地上部，出现植株萎缩、生长迟缓，叶片黄化、卷缩或扭曲（图4-3），块茎出现畸形、龟裂等。

图4-3　马铃薯药害症状

除草剂常引起马铃薯植株变形矮化，叶片卷曲、失绿坏死。新生的块茎因内部或外部的坏死组织而变形。块茎可能因前茬使用除草剂而受影响，有时，因临近的作物使用了除草剂而受害。症状与除草剂种类有关。

前茬作物喷施多效唑（PP333），马铃薯出苗后，生长受到抑制，植株严重矮化，茎节间缩短。

前茬作物防治地下虫，使用克百威（呋喃丹），马铃薯受到严重药害，出苗后矮化、生长缓慢，根系不伸展。

杀虫剂和杀菌剂使用不当，如浓度过大，常会伤害植株的叶片，使叶片边缘发生焦枯。

空气污染，在完全毁灭整个叶片以前，氧化硫引起失绿症，主脉间叶片漂白或发焦。光化学氧化物空气污染引起马铃薯早熟和植株早衰，从底部叶片开始发黄和早死，症状类似于衰老和营养不良。空气污染可能出现在离污染源很远的地方，而且通常很难确诊。

2. 防治方法

（1）认真阅读说明书。使用任何农药，必须先详细阅读使用说明书，严格按照说明书使用，掌握好使用时的稀释浓度、用量、使用时期和次数、使用方法等。

（2）进行小面积试验。如对某种新农药没有确切的把握，也可在大田的边行进行少量试验，有效时方可全面使用。

四、块茎生理病害

（一）畸形薯

1. 主要症状

在块茎生长期，由于前期高温干旱使块茎停止生长，甚至进入休眠期，薯块表皮木栓化，形成周皮，随后由于降雨或灌水，恢复了适宜的生长环境，形成周皮的薯块不能再继续膨大，吸收的养分就运输到能够继续生长的芽眼、块茎顶端等部位，形成畸形薯（图4-4）。

2. 防治方法

（1）调整播种期，使块茎膨大期和当地降雨

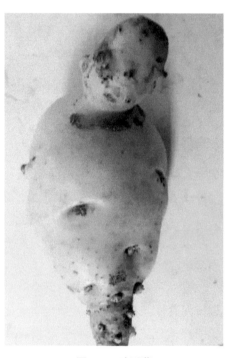

图4-4　畸形薯

季节相吻合，让薯块在生长过程中，有充足的水分供应，避免因前旱后涝造成畸形薯。

（2）及时灌水，经常保持土壤湿润，防止土壤过干，让薯块正常生长。

（3）及时中耕松土，防止土壤板结，保持土壤疏松透气。

（二）块茎损伤

1. 主要症状

块茎损伤指收获后的块茎，其表面常有较浅（1～2mm）指痕状裂纹，多发生在芽眼稀少的部位。指痕伤主要是块茎从高处落地后，接触到硬物或互相强烈撞击、挤压造成的伤害。一般收获较迟，充分成熟的块茎，以及经过短期储藏的块茎更易发生指痕伤。由于伤口较浅，易愈合，很少发生腐烂现象，如能在块茎运输或搬运时，适当提高温度，使其尽快愈合，可以减少危害。

压伤的发生是块茎入库时操作过猛，或堆积过厚，底部的块茎承受过大的压力，造成块茎表面凹陷。伤害严重时则不能复原，并在伤害部位形成很厚的木栓层，其下部薯肉常有变黑现象。提早收获的块茎，由于淀粉积累较少，更易发生这种压伤。

周皮脱落是块茎在收获或收获后的运输、储藏或其他作业时，造成块茎周皮的局部脱落。脱落的周皮处变暗褐色。

周皮脱落的原因是由于土壤湿度过大，或氮素营养过剩，或日照不足，或收获过早等，块茎周皮稚嫩，尚未充分木栓化，极易损伤。

2. 防治方法

为防止指痕伤和压伤的发生，在收获、运输和储藏过程中，块茎不要堆积过高。尽量避免各种机械操作和块茎互相撞击。防止周皮脱落，应在马铃薯生育过程中避免过多施用氮肥、收获前停止灌溉等；收获后的块茎要进行预储，促使块茎周皮木栓化；收获和运输过程中，要轻搬轻放，避免块茎之间撞击和摩擦。

（三）皮孔肥大

1. 主要症状

在正常情况下，块茎的皮孔很小。在马铃薯块茎膨大期或收获前，当土壤水分过多或储藏期间湿度过大时或通气不良，块茎得不到充足的氧气进行呼吸或气体交换时，皮孔胀大并突起，皮孔周围的细胞裸露，易被细菌侵入，导致块茎腐烂。

2. 防治方法

为防止皮孔胀大、细胞裸露，在马铃薯生育期间，要高培土、高起垄；生育后期要控制浇水；多雨天气，及时进行排水，避免田间积水；块茎成熟，及时收获；收获后的块茎要进行预储；储藏期间适当通风，避免窖内湿度过大。

（四）绿皮块茎

绿皮块茎是由于块茎长时间暴露在光照下引起的。绿皮薯块茎产生叶绿素和龙葵素，人们食用后会引起龙葵素中毒，引起呕吐，失去食用价值和商品性。

1. 主要症状

马铃薯块茎表皮变绿色（图4-5）。在马铃薯生育期间，导致绿皮薯出现的原因主要有：垄上培土少，或受雨水冲刷或田间作业时使垄上的土层塌下，使得茎块裸露在光照下，薯皮长时间见光后变绿或青色，薯块不能正常膨大。薯块贮藏期间，长时间的阳光散射光或照明光也能引起薯块薯皮变绿。

图4-5　绿皮薯

2. 防治方法

（1）及时培土，在马铃薯生长期间应及时培土，避免块茎露出土表。

（2）贮藏和运输过程中，做好防光措施，避免散射光长时间照射薯块。

（五）空心薯

1. 主要症状

马铃薯空心多发生于块茎髓部，外部无任何症状。起初薯块中心组织呈水渍状或透明状，个别出现褐色坏死斑。后期在块茎中心附近形成一个空洞（图4-6），空洞连在一起，呈星状，有的呈球形或不规则形。通常，空洞会随着块茎的生长而逐渐扩大。

2. 防治方法

（1）栽植发病率较低的品种，合理密植，适当缩小株间距离，增加植株间竞争，从而阻止块茎过快生长和膨大，降低空心薯的发病率。

（2）加强肥水管理，冲施尚好钾和喷施钙肥，满足薯块对养分的需求，使薯块生长正常。

（3）合理进行灌水和排水，保证植株正常生长的水分需求，避免出现旱涝不均，促使块茎均衡发育。

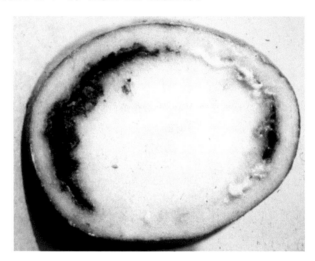

图4-6　空心薯

五、养分不平衡

（一）马铃薯缺钙

1.主要症状

早期缺钙顶芽幼龄小叶叶缘出现淡绿色色带（图4-7），后坏死致小叶皱缩或扭曲，严重时顶芽或腋芽死亡。块茎的髓中有坏死斑点（图4-8）。

图4-7　缺钙叶片症状　　　　　　图4-8　缺钙块茎症状

2.防治方法

（1）要根据土壤诊断，施用适量石灰，应急时叶面喷洒0.3%～0.5%氯化钙水溶液，每3～4d 1次，共2～3次。

（2）此外，还可施用惠满丰液肥，每亩用量为450mL，稀释400倍，喷叶3次即可。

（3）可喷施绿风95植物生长调节剂600倍液，促丰宝R型多元复合液肥700倍液或"垦易"微生物活性有机肥300倍液。

（二）马铃薯缺镁

1.主要症状

下部叶片色浅，褪绿始于最下部叶片的尖端或叶缘，并在叶脉间向小叶的中部扩展，后叶脉间布满褐色的坏死区域（图4-9），叶簇增厚或叶脉间向外突出，缺镁叶片变脆。

2.防治方法

（1）首先注意施足充分腐熟的有机肥或碧全有机肥，改良土壤理化性质，使土壤保持中性，必要时亦可施用石灰进行调节，避免土壤偏酸或偏碱。

（2）采用配方施肥技术，做到氮、磷、钾和微量元素配比合理。

（3）必要时测定土壤中镁的含量，当镁不足时，施用含镁的完全肥料。应急时，可在叶面喷洒1%～2%硫酸镁水溶液，隔2d1次，每周喷3～4次。

图4-9　缺镁叶片症状

（三）马铃薯缺锰

1. 主要症状

叶片脉间失绿，有的品种呈淡绿色。缺锰严重的叶脉间几乎变为白色，症状首先在新生的小叶上出现，后沿脉出现很多棕色的小斑点，后小斑点从叶面枯死脱落，致叶面残缺不全（图4-10、图4-11）。

2. 防治方法

叶面喷洒1%硫酸锰水溶液1～2次。

图4-10 缺锰叶片正面症状   图4-11 缺锰叶片背面症状

（四）马铃薯缺铁

1.主要症状

幼龄叶片轻微失绿，小叶的尖端边缘处长期保持其绿色，褪色的组织出现清晰的浅黄色至纯白色，褪绿的组织向上卷曲（图4-12）。

图4-12 叶片缺铁症状

2. 防治方法

于始花期喷洒0.5%~1%硫酸亚铁溶液1次或2次。

（五）马铃薯缺磷

1. 主要症状

早期缺磷影响根系发育和幼苗生长；孕蕾至开花期缺磷，叶部皱缩，色呈深绿，严重时基部叶变为淡紫色，植株僵立，叶柄、小叶及叶缘朝上，不向水平展开，小叶面积缩小，色暗绿（图4-13）。缺磷过多时，植株生长大受影响，薯块内部易发生铁锈色痕迹。

图4-13　马铃薯缺磷植株

2. 防治方法

（1）基肥亩施过磷酸钙15~25kg，混入有机肥中，施于10cm以下耕作层中。

（2）开花期亩施过磷酸钙15~20kg。

（3）可叶面喷洒0.2%~0.3%磷酸二氢钾或0.5%~1%过磷酸钙水溶液。

（六）马铃薯缺氮

1. 主要症状

开花前显症，植株矮小，生长弱，叶色淡绿，继而发黄（图4-14）。到生长后期，基部小叶的叶缘完全失去叶绿素而皱缩，有时呈火烧状，叶片脱落。

图4-14　马铃薯缺氮叶片

2. 防治方法

（1）提倡施用酵素菌沤制的堆肥或腐熟有机肥，采用配方施肥技术。

（2）生产上发现缺氮时马上埋施发酵好的人粪，也可将尿素或碳酸氢铵等混入10～15倍腐熟有机肥中，施于马铃薯两侧，后覆土、浇水。

（3）也可在栽后15～20d结合施苗肥，亩施入硫酸铵5kg或人粪尿750～1 000kg。

（4）栽后40d施长薯肥，亩用硫酸铵10kg或人粪尿1 000～1 500kg。

第五章
马铃薯虫害防治

一、蝼蛄

蝼蛄属于直翅目，各地普遍发生。河北、山东、河南、苏北、皖北、陕西和辽宁等地的盐碱地和沙壤地为害最重。

1. 为害特征

蝼蛄通常栖息于地下，夜间和清晨在地表下活动，吃新播的种子，咬食作物根部，对作物幼苗伤害极大，是重要的地下害虫。蝼蛄潜行土中，形成隧道，使作物幼根与土壤分离，因失水而枯死，造成幼苗枯死或缺苗断垄。

2. 生活习性

蝼蛄在华北地区3年完成一代，在黄淮海地区2年完成一代。成虫在土中10~15cm处产卵，每次产卵120~160粒，最多达528粒。卵期25d左右，初孵化出的若虫为白色，而后呈黑棕色（图5-1）。成虫和若虫均于土中越冬，洞在土壤中最深可达1.6m。

图5-1　蝼蛄

3.防治方法

（1）毒饵诱杀。可用菜籽饼、棉籽饼或麦麸、秕谷等炒熟后，以25kg食料拌入90%晶体敌百虫1.5kg。在害虫活动的地点于傍晚撒在地面上毒杀。

（2）黑光灯诱杀。于19:00—22:00在没有作物的平地上以黑光灯诱杀。尤其在天气闷热的雨前夜晚诱杀效果最好。

二、蛴螬

蛴螬属于鞘翅目，金龟子的幼虫，为害多种农作物。

1.为害特征

蛴螬为金龟子的幼虫。金龟子种类较多，各地均有发生。幼虫在地下为害马铃薯的根和块茎。其幼虫可把马铃薯的根部咬食成乱麻状，把幼嫩块茎吃掉大半（图5-2），在老块茎上咬食成孔洞，严重时造成田间死苗。

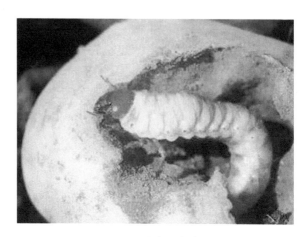

图5-2　为害幼嫩块茎

2. 生活习性

金龟子种类不同，虫体也大小不等，但幼虫均为圆筒形，体白、头红褐或黄褐色、尾灰色。虫体常弯曲成马蹄形（图5-3）。成虫产卵于土中，每次产卵20～30粒，多的100粒左右，9～30d孵化成幼虫。幼虫冬季潜入深层土中越冬，在10cm深的土壤温度5℃左右时，上升活动，土温在13～18℃时为蛴螬活动高峰期。土温高达23℃时即向土

图5-3　蛴螬

层深处活动，低于5℃时转入土下越冬。金龟子完成1代需要1~2年，幼虫期有的长达400d。

3. 防治方法

（1）施用农家肥料时要经高温发酵，使肥料充分腐熟，以便杀死幼虫和虫卵。

（2）毒土防治。每亩用50%辛硫磷乳剂400~500g，或用3%辛硫磷颗粒1.5~2kg，拌细土50kg。于播前施入犁沟内或播种覆土。或每亩用80%的敌百虫可湿性粉剂500g加水稀释，而后拌入35kg细土配制成毒土，在播种时施入穴内或沟中。

（3）毒饵诱杀。用0.38%苦参碱乳油500倍液，或用50%辛硫磷乳油1 000倍液，或用80%的敌百虫可湿性粉剂，用少量水溶化后和炒熟的棉籽饼或菜籽饼拌匀，于傍晚撒在幼苗根的附近地面上诱杀。

（4）在成虫盛发期，对害虫集中的作物或树上，喷施50%辛硫磷乳剂1 000倍液，或用90%晶体敌百虫1 000倍液，或用2.5%溴氰菊酯乳油3 000倍液，或用30%乙酰甲胺磷乳油500倍液，或用20%氰戊菊酯乳油3 000倍液防治。

三、蚜虫

蚜虫是马铃薯苗期和生长期的主要害虫，不仅吸取液汁为害植株，还是重要的病毒传播者。

1. 为害特征

在马铃薯生长期蚜虫常群集在嫩叶的背面吸取液汁（图5-4），造成叶片变形、皱缩，使顶部幼芽和分枝生长受到严重影响。繁殖速度快，每年可发生10~20代。幼嫩的叶片和花蕾都是蚜虫密集为害的部位。而且桃蚜还是传播病毒的主要害虫，对种薯生产常造成威胁。

图5-4　蚜虫

2. 生活习性

有翅蚜一般在4—5月迁飞，温度25℃左右时发育最快，温度高于30℃或低于6℃时，蚜虫数量都会减少。桃蚜一般在秋末时，有翅蚜又飞回第一寄主桃树上产卵，并以卵越冬。春季卵孵化后再以有翅蚜迁飞至第二寄主为害。

3. 防治方法

（1）生产种薯采取高海拔冷凉地区作基地，或风大蚜虫不易降落的地点种植马铃薯，以防蚜虫传毒。或根据有翅蚜迁飞规律，采取种薯早收，躲过蚜虫高峰期，以保种薯质量。

（2）药剂防治。发生初期用50%抗蚜威可湿性粉剂2 000 ~ 3 000倍液，或用0.3%苦参素杀虫剂1 000倍液，或用烟碱楝素乳油1 000倍液，或用10％吡虫啉可湿性粉剂2 000倍液，或用2.5％溴氰菊酯乳油2 000～3 000倍液，或用20％氰戊菊酯乳油3 000～5 000倍液，或用10％氯氰菊酯乳油2 000～4 000倍液，或用3％啶虫脒乳油800倍液，或用乙酰甲胺磷2 000倍液，或用40％乐果乳剂1 000～2 000倍液等药剂交替喷雾，效果较好。

四、茶黄螨

茶黄螨属于蜱螨目，是世界性的主要害螨之一，为害严重。

1. 为害特征

茶黄螨对马铃薯嫩叶为害较重，特别是秋冬马铃薯生产，常在植株中上部叶片大部受害，顶部嫩叶最为严重，是影响植株生长的一大病害。茶黄螨虫体较小，一般不易发现。被害的叶背面有一层黄褐色发亮物质（图5-5），叶片向叶背卷曲，狭窄畸形壮态。病状严重时叶片干枯，造成产量严重损失。茶黄螨在北京地区以7—9月为害最重。

图5-5　茶黄螨

2. 生活习性

一年多代，有世代重叠现象。以成螨在土缝、杂草根际处等隐蔽场所越冬，翌年把卵散产于芽尖或嫩叶背面，雌虫产卵数量不一，多的可产100余粒，多产于嫩叶背面及嫩茎处，卵期2～3d。该虫靠爬行、风力及人的农事操作传带扩散蔓延。开始发生时有明显点片阶段，4—5月数量较少，6月后大量发生，5月底至6月初可出现严重受害田块。茶黄螨繁殖快，喜温暖潮湿，对温度要求高，适宜发育繁殖的温度在15～30℃。25℃时完成1代平均历期为12.8d，数量增长31倍；30℃时历期为10.5d，数量增长13.5倍。35℃以上幼螨和成螨死亡率高，孵化率显著降低。成螨活跃，尤其雄螨，当取食部位变老时，立即携带雌螨和若螨向新的幼嫩部位转移。雌雄螨以两性生殖为主，后代中雌螨多于雄螨，卵和幼螨对湿度要求高，只有在相对湿度达到80％以上才能发育，因此温暖多湿的环境有利于茶黄螨的发生。

3. 防治方法

用40％乐果乳油1 000倍液，或用25％灭螨猛可湿性粉剂1 000倍液，或用73％炔螨特乳油2 000～3 000倍液，或用0.9％阿维菌素乳油4 000～6 000倍液喷雾，防治效果都很好。5～10d喷药1次，连喷3次。喷药重点在植株幼嫩的叶背和茎的顶尖，并使喷嘴向上，直喷叶子背面效果好。许多杂草是茶黄螨的寄主，对马铃薯田块周围的杂草集中焚烧，或进行药剂防治茶黄螨。

五、金针虫

金针虫是鞘翅目叩头虫科幼虫的总称，为重要的地下害虫。其分布广泛，为害作物种类也较多。

1. 为害特征

金针虫是叩头虫的幼虫，各地均有分布。在土中活动常咬食马铃薯的根和幼苗，并钻进块茎中取食，使块茎丧失商品价值。咬食块茎过程还可传病或造成块茎腐烂。

2. 生活习性

胸部长有小足的、细小的、有光泽的幼虫生长在地下，可长达25mm（图5-6）。幼虫使块茎表面产生不规则的浅坑（图5-7），但它们不生长在块茎内部。以成虫、幼虫在土中越冬，第二年蛰入10cm深处，地温10~20℃时活动最盛，多发生在低地、淤积地、低洼过水地、水浇地或黑土层厚、腐殖质含量高、水分充分的土壤中。

图5-6　金针虫　　　　　　　　图5-7　为害症状

3. 防治方法

用毒土防治效果较好。防治方法参考蛴螬防治。

六、块茎蛾

属鳞翅目麦蛾科，寄主为马铃薯、茄子、番茄、青椒等茄科蔬菜及烟草等。

1. 为害特征

主要以幼虫为害马铃薯。在长江以南的云南、贵州、四川等省种植马铃薯和烟草的地区，块茎蛾为害严重。在湖南、湖北、安徽、甘肃、陕西等省也有块茎蛾为害。幼虫潜入叶内，沿叶脉蛀食叶肉（图5-8），余留上下表皮，呈半透明状，严重时嫩茎、叶芽也被害枯死，幼苗可全株死亡。田间或贮藏期可钻蛀马铃薯块茎，呈蜂窝状甚至全部蛀空，外表皱缩，并引起腐烂。在块茎贮藏期间为害最重，受害轻的产量损失10%~20%，重的可达70%左右。

图5-8　蛀食叶肉的块茎蛾

2. 生活习性

以幼虫或蛹在贮藏的薯块内，或在田间残留母薯内，或在茄子、烟草等茎茬内及枯枝落叶上越冬。成虫白天潜伏于植株丛间、杂草间或土缝里，晚间出来活动，但飞翔力很弱。在植株茎上、叶背和块茎上产卵，一般芽眼处卵最多，每个雌蛾可产卵80

粒。夏季约30d、冬季约50d 1代，每年可繁殖5~6代。

3. 防治方法

（1）选用无虫种薯，避免马铃薯与烟草等作物长期连作。禁止从病区调运种薯，防止扩大传播。

（2）块茎在收获后马上运回。不使块茎在田间过夜，防止成虫在块茎上产卵。

（3）清洁田园，结合中耕培土，避免薯块外露招引成虫产卵为害。集中焚烧田间植株和地边杂草，以及种植的烟草。

（4）清理贮藏窖、库，并用敌敌畏等熏蒸灭虫，每立方米贮藏库的容积，可用1mL敌敌畏熏蒸。

（5）药剂防治。用二硫化碳按27g/m³库容密闭熏蒸马铃薯贮藏库4h。用药量可根据库容大小而增减，或用苏云金杆菌粉剂1kg拌种1 000kg块茎。在成虫盛发期喷药，用4.5%绿福乳油1 000~1 500倍液，或24%万灵水剂800倍液喷雾防治。

七、地老虎

地老虎俗称地蚕、切根虫等，是鳞翅目夜蛾科昆虫。地老虎有许多种，其中，小地老虎是世界范围为害最重的一种害虫。

1. 为害特征

地老虎是杂食性害虫，1~2龄幼虫为害幼苗嫩叶，3龄后转入地下为害根、茎，5~6龄为害最重，可将幼苗茎从地面咬断，造成缺株断垄，影响产量。特别对于用种子繁殖的实生苗威胁最大。

2. 生活习性

小地老虎为夜盗蛾，以幼虫为害作物。小地老虎一年发生4～5代，以老熟幼虫在土中越冬（图5-9）。第一代幼虫是为害的严重期，也是防治的重点期。成虫白天栖息在杂草、土堆等荫蔽处，夜间活动，趋化性强，喜食甜酸味汁液，对黑光灯也有明显趋性。在叶背、土块、草棒上产卵，在草类多、温暖、潮湿、杂草丛生的地方，虫头基数多。幼虫夜间为害，白天栖在幼苗附近土表下面，有假死性。

图5-9　地老虎

3. 防治方法

（1）清除田间及地边杂草，使成虫产卵远离大田，减少幼虫为害。

（2）用毒饵诱杀。以80%的敌百虫可湿性粉剂500g加水溶化后和炒熟的棉籽饼或菜籽饼20kg拌匀，或用灰灰菜、刺儿菜等鲜草约80kg，切碎和药拌匀作毒饵，于傍晚撒在幼苗根的附近地面上诱杀。

（3）用灯光或黑光灯诱杀成虫效果也很好。或配制糖醋液诱杀成虫，糖醋液配制方法：糖6份、醋3份、白酒1份、水10

份、敌百虫1份调匀，在成虫发生期设置。某些发酵变酸的食物，如甘薯、胡萝卜、烂水果等加入适量药剂，也可诱杀成虫。

（4）药剂防治。用50%辛硫磷乳油1 000倍液喷雾，或用2.5%敌百虫粉剂2kg/亩加细土10kg/亩，制成毒土或灌根防治，或用48%毒死蜱（乐斯本）乳油1 000倍液灌根防治。在地老虎1~3龄幼虫期，采用2.5%阿维菌素可湿性粉剂，或用70%吡虫啉可湿性粉剂，或用48%毒死蜱乳油2 000倍液，或用10%顺式氯氰菊酯（高效灭百可）乳油1 500倍液，或用2.5%溴氰菊酯乳油1 500倍液，或用20%氰戊菊酯乳油1 500倍液等地表喷雾。

八、马铃薯甲虫

马铃薯甲虫是马铃薯生产上的一种毁灭性害虫，是我国对外检疫对象，原产北美，后传入欧洲，主要为害马铃薯，也可为害番茄、茄子、辣椒、烟草等作物。

1. 为害特征

以成虫和幼虫啃食马铃薯叶片和嫩尖，被害叶片出现大小不等的孔洞或仅剩主脉，严重时可以在短时间内把马铃薯叶片全部吃光，尤其在马铃薯茎块膨大期，对产量影响大。

2. 生活习性

雌成虫体长9~12cm，椭圆形，背面隆起，雄虫小于雌虫。背面稍平，体黄色至橙色，头部、前胸、腹部具有黑斑点，鞘翅上各有5条黑纹（图5-10），头宽于长。眼肾形，黑色。触角细长，有11节，第1节粗且长，第2节较第3节短，1~6节为黄色，7~11节为黑色。前胸背板有斑点10多个，中间2个大，两侧各生大小不等的斑点4~5个，腹部每节有斑点4个。该虫适应能力强，在美国

1年发生2代，在欧洲1年1～3代，以成虫在土深7.6～12.7cm处越冬。翌年土温15℃时，成虫出土活动，发育适温25～33℃。经补充营养后飞翔交尾，卵块产于叶背，每卵块有20～60粒卵，产卵期2个月，每个雌虫产卵约为400粒。卵期5～7d，初孵幼虫即取食叶片，幼虫期15～35d，四龄幼虫食量占全生育期的77%，老熟幼虫入土化蛹，蛹期7～10d，羽化成成虫后继续取食马铃薯叶片。

图5-10　马铃薯甲虫

3. 防治方法

（1）植物检疫。加强植物检疫，严防人为传入，对新传入的区域要及早铲除。

（2）农业防治。在疫情发生区，马铃薯与非寄主作物如小麦、玉米、葱、蒜等作物实行多年轮作，或种植早熟品种，对控制该虫密度具有明显作用。

（3）生物防治。推荐使用苏云金杆菌制剂600倍液。

九、二十八星瓢虫

1. 为害特征

28星瓢虫成虫为红褐色带28个黑点的甲虫（图5-11），幼虫为黄褐色，身有黑色刺毛，躯体扁椭圆形，行动迅速，专食叶肉。幼虫咬食叶背面叶肉，将马铃薯叶片咬成网状，使被害部位只剩叶脉，形成透明的网状细纹（图5-12），叶子很快枯黄，光合作用受到严重影响，使植株逐渐枯死。

图5-11　二十八星瓢虫　　　　　图5-12　为害叶片背面

2. 生活习性

每年可繁殖2～3代，以成虫在草丛、石缝、土块下越冬。每年3—4月天气转暖时即飞出活动。6—7月马铃薯生长旺季在植株上产卵，幼虫孵化后即严重为害马铃薯。成虫一般在马铃薯或枸杞的叶背面产卵，每次产卵10～20粒。产卵期可延续1～2个月，1个雌虫可产卵300～400粒。孵化的幼虫4龄后食量增大，为害最重。

3. 防治方法

（1）由于繁殖世代不整齐，成虫产卵后，幼虫及成虫共同取食马铃薯叶片，可利用成虫假死习性，人工捕捉成虫，摘除卵块。查寻田边、地头，消灭成虫越冬虫源。

（2）药剂防治。用50%的敌敌畏乳油500倍液喷洒，对成虫、幼虫杀伤力都很强，防治效果100%。用60%的敌百虫500～800倍液喷杀，或用1 000倍乐果溶液喷杀，效果都较好。防治幼虫应抓住幼虫分散前的有利时机，用20%氰戊菊酯或用2.5%溴氰菊酯3 000倍液、或用50%辛硫磷乳剂1 000倍液、或用2.5%高效氯氟氰菊酯（功夫）乳油3 000倍液喷雾。发现成虫即开始喷药，每10d喷药1次，在植株生长期连续喷药3次，即可完全控制其为害。注意喷药时喷嘴向上喷雾，从下部叶背到上部都要喷药，以便把孵化的幼虫全部杀死。

十、大青叶蝉

1. 为害特征

大青叶蝉又可以称为青叶跳蝉、青叶蝉、大绿浮尘子，会为害苹果、梨、桃、李、杏、核桃、柳、杨等多种果树及植物的叶、茎，使其褪色、畸形、坏死或者枯萎。成虫有趋光性，夏季颇强，若虫喜群居，成、若虫均喜弹跳，日夜都可以活动取食，产卵于寄主植物茎秆、叶柄、主脉、枝条等组织内，以产卵器刺破表皮成月牙形伤口，产卵处的植物表皮成肾形凸起。

2. 生活习性

大青叶蝉成虫（图5-13）体长7～10mm，头黄褐色，复眼黑褐色，触角刚毛状，前翅绿色，尖端透明，后翅黑色，折叠于前翅下面，身体腹面褐黄色。卵长卵形，长约1.6mm，以10粒左右排成卵块。

图5-13 大青叶蝉成虫

大青叶蝉1年发生3代，以卵在苹果树枝条或苗木的表皮下越冬，在第二年4月孵化，孵化后的若虫1h后便开始转移农作物和杂草上取食为害。第3代若虫为害晚秋作物和蔬菜，到9月下旬，第3代成虫便飞到秋菜地为害，10月开始飞向果园，将卵产在果树幼嫩光滑的枝条和幼嫩主干上越冬。果园内间作白菜、萝卜、薯类等多汁晚熟作物时，或果园周围种植有这些晚秋作物时，果树受害严重。

3. 防治方法

（1）农业防治。马铃薯田与豆类作物隔离可防止叶蝉侵染。选用抗性或耐性品种或用农药进行防治。

（2）药剂防治。可以每亩使用20%叶蝉散乳油100g兑水后喷施叶片，或每亩用40%乐果乳油75～100g对水喷施。

十一、斜纹夜蛾

斜纹夜蛾又名莲纹夜蛾、斜纹夜盗蛾，俗称花虫、黑头虫，属鳞翅目夜蛾科，是我国农业生产上的主要害虫种类之一。

1. 为害特征

斜纹夜蛾是一种间歇性发生的暴食性、杂食性害虫，多次造成灾害性为害，主要以幼虫咬食叶、蕾、花及果实。卵产在叶背，初孵幼幼虫集中在叶背为害，残留透明的上表皮，使叶片成纱窗状；三龄后分散为害，开始逐渐四处爬散或吐丝下坠分散转移为害，取食叶片或较嫩部位造成许多小孔（图5-14）；四龄以后随虫龄增加食量骤增（图5 15）。虫口密度高时，叶片被吃光，仅留主脉，呈扫帚状。

图5-14 初孵斜纹夜蛾幼虫　　图5-15 老熟斜纹夜蛾幼虫

2. 生活习性

成虫（图5-16）体长14～20mm，翅展30～40mm，深褐色。前翅灰褐色，前翅环纹和肾纹之间有3条白线组成明显的较宽斜纹，故名斜纹夜蛾。自基部向外缘有1条白纹，外缘各脉间有一条黑点。卵馒头状、块产，表面覆盖有棕黄色的疏松绒毛。幼虫体长35～47mm，体色多变，从中胸到第九腹节上有近似三角形的黑斑各一对，其中第一、第七、第八腹节上的黑斑最大。腹足4对。

图5-16 斜纹夜蛾成虫

蛹长15～20mm，腹背面第4～7节近前缘处有一小刻点，有一对强大的臀刺。

在长江流域1年发生5～6代，世代重叠。主要发生期在7—9月，黄河流域则多在8—9月。成虫夜间活动，对黑光灯有趋性，还对糖、醋、酒及发酵的胡萝卜、麦芽、豆饼、牛粪等有趋性。卵多产于植株中、下部叶片的反面，多数多层排列，卵块上覆盖棕黄色绒毛。幼虫有假死性及自相残杀现象。日间潜伏于残叶或土粒间或接近土面的叶下，日落前再爬出为害。取食幼苗时，可将幼苗全株吃下。老熟幼虫在土中化蛹。以第二代（8月）对秋豇豆、叶菜秧苗、瓜、茄为害严重。9—10月上旬的第三代幼虫对大白菜、包心菜、花菜为害最重。

3. 防治方法

（1）农业防治。

① 清除杂草。② 利用成虫有趋光性和趋糖醋性的特点，可用频振式杀虫灯和糖醋盆等工具诱杀成虫。③ 全面覆盖大棚或大棚顶部覆盖防雨薄膜，大棚四周覆盖防虫网，使害虫无法进入大棚。④ 根据该虫卵多产于叶背叶脉分叉处和初孵幼虫群集取食的特点，在农事操作中摘除卵块和幼虫群集叶，可以大幅度降低虫口密度。

（2）药剂防治。在卵孵化高峰至低龄幼虫盛发期，突击用药。由于初孵幼虫聚集在卵块附近活动，三龄后分散，且有昼伏夜出的特性，因此最好在三龄前，傍晚6时以后施药。低龄幼虫药剂可选用苜蓿夜蛾核多角体病毒（奥绿一号）600～800倍液、24%甲氧虫酰肼（雷通）2 500倍液、5%啶虫隆（抑太保）、5%氟虫脲（卡死克）乳油2 000～2 500倍液，或10%溴虫腈（除尽）胶悬剂1 500倍液、2.5%氯氟氰菊酯（功夫）乳油2 000～3 000倍液。高龄幼虫可用15%茚虫威（安打）悬浮剂3 000倍液、5%甲维盐4 000倍液或5%虱螨脲（美除）1 000倍液。

十二、潜叶蝇

1. 为害特征

潜叶蝇能侵害许多作物。在过度使用杀虫剂毁灭了它们天敌的地区，潜叶蝇是一种严重的马铃薯害虫。这种蝇体形小，主要以幼虫在植物叶片或叶柄内取食，形成的线状或弯曲盘绕的不规则虫道影响植物光合作用，从而造成经济损失。其具有舐吸式口器类型，以幼虫为害植物叶片，幼虫往往钻入叶片组织中，潜食叶肉组织，造成叶片呈现不规则白色条斑，使叶片逐渐枯黄，造成叶片内叶绿素分解，叶片中糖分降低，危害严重时被害植株叶黄脱落，甚至死苗（图5-17）。

图5-17 潜叶蝇为害症状

2. 生活习性

潜叶蝇俗称夹板虫、地图虫等，是潜蝇科昆虫的总称。我国有潜蝇147种，斑潜蝇16种，绝大多数具有高度的寄主专化性，以植潜蝇亚科的多食性种类危害最甚。在我国蔬菜上主要有美洲斑潜蝇（图5-18）、南美斑潜蝇、番茄斑潜蝇和豌豆彩潜蝇等4种潜叶蝇，其中前3种斑潜蝇是1994年以后从国外陆续传入我国并在蔬菜上发生危害的。开始传入时以美洲斑潜蝇为主要危害蔓延种，2～3年以后南美斑潜蝇种群迅速增殖，逐渐与美洲斑潜蝇成为主要交替危害种，番茄斑潜蝇属于阶段性危害种。豌豆彩潜蝇是我国的自然种，属于常年在十字花科蔬菜上的危害种。

图5-18　美洲斑潜蝇幼虫和成虫

　　潜叶蝇1年中发生的世代是重叠的。潜叶蝇各代所经过日期的长短和气温有关。第2代繁殖期间，平均气温为20.4℃，需要41.9d；第3代繁殖期间，平均气温为23.9℃时，需要26.2d。潜叶蝇在不同地区或同一地区不同年份，各代出现的时期和1年中发生的世代数有差异。成虫在叶尖的嫩叶上产卵。卵经10d左右孵化成幼虫，幼虫咬破卵壳后，立即咬破寄主的叶表面，钻入叶组织内咬食叶肉。很少有在叶面爬行以后再咬破叶表皮钻入叶组织内的。一般每叶寄生幼虫1~9头。幼虫有转移为害的情况，即在幼虫生活期间，常由原来侵入的叶组织脱出，钻入另外的健全叶内。幼虫老熟后，多从叶部向基部转移化蛹。蛹期长短也和温度有关，平均日数在7~14d。各代成虫寿命长短也有差异，第1代较长，平均为19d，第2代平均16d，第3代7d。成虫对糖蜜有趋性。

　　3. 防治方法

　　（1）农业防治。潜叶蝇有较多的自然天敌，应保护天敌。成虫可以用黏性黄色诱捕物诱捕。必须防止植株开花前受到近1/3的危害。

（2）药剂防治。如果需要，应当使用对成虫特别有效的药剂。目前市场上出售的斑潜净是一种很有效的药剂，药剂稀释倍数1 000～2 000倍，每亩用量25～60g。施药时间最好在清晨或傍晚，忌在晴天中午施药。施药间隔5～7d，连续用药3～5次。

十三、蓟马

1. 为害特征

蓟马对蔬菜叶片最常见的为害状是出现黄白色小点（图5-19），还有一种常见叶部为害状，就是沿叶脉两侧出现的枯斑（图5-20）。有的时候被害叶片不仅有黄白色的小点，而且叶片还会皱缩；也有时看不到上述各种为害状，而是叶背发亮、发脆，好像叶背表面附着物都被刮过一遍一样。

图5-19　叶片为害状　　　　　图5-20　叶脉为害状

2. 生活习性

蓟马种类很多，其中为害较重的蓟马主要有2种，分别是棕榈蓟马和烟蓟马。

（1）棕榈蓟马

棕榈蓟马（图5-21）在浙江及长江中下游1年发生10～12代，广州地区20代以上，世代重叠严重。多以成虫在茄科、豆科蔬菜、杂草或在土缝下、枯枝落叶中越冬，少数以若虫越冬。成虫具有较强趋蓝性、趋嫩绿性，善飞，怕光，多在阴天或早晚为害，以7—9月为害最重。

图5-21　棕榈蓟马

（2）烟蓟马

烟蓟马（图5-22）1年发生3～20代，东北地区3～4代，长江流域以南10代以上，以成虫和若虫在土块下、土缝内或枯枝落叶中越冬。在华南地区无越冬现象。对蓝色光有强烈趋性。干旱年份5月中下旬至7月上旬为害严重。温度25℃，相对湿度60%以下，有利于烟蓟马发生为害，暴风雨可降低虫口密度。

图5-22　烟蓟马

3. 防治方法

（1）农业防治。清除田间杂草，加强水肥管理，使植株生长旺盛，可减轻为害。于成虫盛发期，在田间设置蓝色诱虫黏胶板，诱杀成虫。

（2）药剂防治。干旱条件有利于蓟马的繁殖，适时灌溉是一种有效的防治方法。也可用40%辛硫磷乳油和40%乐果乳油的1 500倍溶液进行叶面喷施。

十四、茎线虫

1. 为害特征

马铃薯茎线虫病主要为害块茎。表皮现褐色龟裂（图5-23），有的外部症状不明显，内部出现点状空隙或呈糠心状，薯块重量减轻。

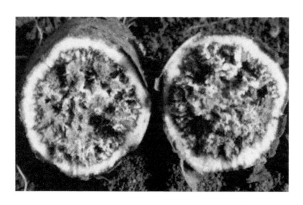

图5-23　为害症状

2. 生活习性

茎线虫可以终年繁殖，在马铃薯整个生长期及贮藏期不断为害，主要通过种薯、土壤、粪肥及秧苗传播。从薯块附着点侵入，沿髓或皮层向上活动，营寄生生活。带有茎线虫的薯块栽到大田后，茎线虫随着传入土中，但主要留在薯内活动，到结新薯块后钻入。即使栽植无病秧苗，土壤中的线虫可在栽植后12h侵入幼苗，从苗的末端自根或所形成的小薯块表皮上自然孔口或伤口直接以吻针刺孔侵入，致细胞空瘪或馁仅留细胞壁及纤维组织，薯块呈干腐糠心状。

该线虫在2～30℃均可活动，高于7℃即产卵和孵化，25～30℃最适。对低温忍耐力强，−25℃经7h致死，高于35℃则不活动，在薯苗表层用48～49℃温水浸10min即死。干燥条件下活1年，在田间土壤中存活3～5年。

3. 防治方法

（1）对种薯进行检疫，选用抗病品种。

（2）施用净腐熟粪肥，采用配方施肥技术，收获后及时清除病残体，以减少菌源。

（3）不要用病薯及其制成的薯干、病秧做饲料，防止茎线虫通过牲畜消化道进入粪肥传播。

（4）进行轮作换茬，提倡与烟草、水稻、棉花、高粱等作物轮作。

（5）建立无病留种田，选用无病种薯。

（6）药剂防治，播种时进行土壤消毒。

可用10%苯线磷颗粒剂，每亩穴施5kg，或选用50%辛硫磷乳油1 500倍液，或90%晶体敌百虫800倍液，每株用药液0.25～0.5kg进行田间灌根。

第六章
马铃薯草害防治

一、马铃薯田地常见杂草

马铃薯田主要杂草有稗草、野燕麦、看麦娘、马唐、狗尾草、黎、酸模叶蓼、柳叶叶蓼、蓼、卷茎蓼、苍耳、狼把草、反枝苋、龙葵、牛繁缕、播麦娘、猪毛菜、狗尾草、小黎、凹头苋、马齿苋、小蓟、鸭拓草、萹蓄、田旋花、苣荬菜、千金子、小旋花、芦苇、苘麻、刺儿菜、问荆、荠菜和菟丝子34种。其中比较难防的杂草有黎、龙葵、苣荬菜等，优势杂草是稗草、狗尾草、黎、龙葵和苣荬菜等。由于马铃薯田杂草既有禾本科的杂草，又有阔叶杂草，给化学除草带来一定的难度。

杂草的危害与气候条件、农田周边环境有密切关系，气候、环境不同，马铃薯田杂草群落特点也就不同，其危害程度也存在差异。农田杂草与马铃薯争水分、阳光、养分。马铃薯生长前期，杂草抗逆性强，生长旺盛，马铃薯处于竞争劣势，严重时会造成连片草荒。马铃薯生长中后期，杂草主要与马铃薯生长竞争，特别是藜在后期藜生长粗壮，不仅争肥、争水，还争阳光。

杂草严重地块会造成马铃薯减产15%～25%，严重影响马铃薯产量和质量。

二、农业防除杂草

1. 轮作

通过轮作降低伴生性杂草的密度，改变田间优势杂草群落，降低田间杂草种群数量。

2. 耕翻

土壤通过多次耕翻后，苦荬菜等多年生杂草被翻埋在地下，使杂草逐渐减少或长势衰退，从而使其生长受到抑制，达到除草目的。

3. 中耕培土

这项措施不仅除草，还有深松、储水保墒等作用。如对露地马铃薯中耕一般在苗高10cm左右进行第一次，第二次在封垄前完成，能有效地防除小蓟、牛繁缕、稗草、反枝苋等杂草。

4. 人工除草

适于小面积或大草拔除。

5. 物理方法除草

利用有色地膜（如黑色膜、绿色膜等）覆盖具有一定的抑草作用。

三、化学药剂防除杂草

马铃薯生产因地区不同、气候条件不同、种植制度的不同，播种期不一致，田间杂草发生规律也不同，因此应针对不同的发生状况，采取相应的化学除草剂。

1. 禾本科杂草为主的马铃薯田的土壤处理

（1）氟乐灵

为选择性内吸传导型土壤处理剂。播后苗前用药，每亩用48%氟乐灵乳油100～125mL（商品量，下同），兑水40～50kg，均匀喷雾于土表。对一年生禾本科杂草如马唐、牛筋草、狗尾草、旱稗、千金子、早熟禾、硬草等防除效果优异，并对马齿苋、藜、反枝苋、婆婆纳等小粒种子的阔叶杂草也有较好的防效。但应注意：① 准确掌握用药量，力求喷洒均匀。② 整地要细，若整地不细，土块中杂草种子接触不到药剂，遇雨土块散开仍能出草。③ 氟乐灵易光解失效，施药后应立即拌土，把药混入土中，一般要求喷药后8h内拌土结束。④ 氟乐灵施入土壤后残效期较长，因此下茬不宜种植高粱、水稻等敏感作物。

（2）施田补（除草通）

为选择性内吸传导型土壤处理剂，播后苗前用药，每亩用33%施田补乳油150～200mL，兑水40～50kg均匀喷雾土表，可以有效地防除一年生禾本科杂草及部分阔叶杂草，如稗草、马唐、狗尾草、早熟禾、看麦娘、马齿苋、藜、蓼等。使用时要注意：① 如遇干旱，应混土3～5cm，以提高防除效果。② 避免种子与药剂直接接触。③ 施田补防除禾本科杂草效果比阔叶杂草效果好，因此在阔叶杂草较多的田块，可考虑同其他除草剂混用。

（3）敌草胺和大惠利

为选择性内吸传导型土壤处理剂，在播后苗前或移栽前及杂草萌发出土前施药，每亩用20%敌草胺乳油200～300g或50%大惠利可湿性粉剂100～150g，对水40～50kg均匀喷雾地表。对一年生禾本科杂草如旱稗、马唐、牛筋草、千金子、狗尾草、早熟禾等有较好的防除效果，对马齿苋、藜、繁缕、蓼等阔叶杂草也有一定的效果。使用时应注意：① 敌草胺在土壤湿润条件下，除草效果好，如土壤干旱应先浇灌再施药，以提高防效。② 敌草胺对已出土的杂草效果差，宜早施药，使用前应清除已出土的杂草。

（4）地乐胺

为选择性芽前土壤处理剂，应在播后苗前或移栽前及杂草出苗前用药，每亩用48%地乐胺乳油150~200mL，对水60kg均匀喷雾地表，能有效防除稗草、牛筋草、马唐、狗尾草、苋、藜、马齿苋等一年生禾本科杂草及部分阔叶杂草。

2. 阔叶杂草为主的马铃薯田的土壤处理

赛克津

为选择性内吸传导型土壤处理剂。播后苗前用药，每亩用70%赛克津可湿性粉剂25~65g，对水40~50kg均匀喷雾土表，能防除多种阔叶杂草和某些禾本科杂草，如藜、蓼、马齿苋、苦荬菜、繁缕、苍耳、稗草、狗尾草等。使用时应注意施药后遇有较大降雨或大水漫灌时，易产生药害。

3. 禾本科杂草和阔叶杂草混生的马铃薯田的土壤处理

（1）绿麦隆

为选择性内吸传导型土壤处理剂，在播后苗前及杂草芽前或萌芽出土早期用药，每亩用25%绿麦隆可湿性粉剂250~300g，对水40~50kg均匀喷雾于土表，能有效地防除看麦娘、繁缕、早熟禾、狗尾草、马唐、稗草、苋、藜、卷耳、婆婆纳等多种禾本科及阔叶杂草，但对猪秧秧、大巢菜、苦荬菜、田旋花效果差。使用时注意：① 土壤湿润，有利于药效发挥。② 在土壤中残留时间长，分解慢，后茬不宜种植敏感作物，以免引起药害。③绿麦隆水溶性差，使用时应先将可湿性粉剂加少量水搅拌，然后加水进行稀释。

（2）果尔

为选择性触杀型土壤处理兼有苗后茎叶处理作用的除草剂，播后苗前用药。亩用24%果尔乳油40~50mL，对水60kg均匀喷雾土表，可防除稗草、千金子、牛筋草、狗尾草、硬草、看麦娘、棒头草、早熟禾、马齿苋、铁苋菜、苋、藜、婆婆纳、蓼等多种一年生杂草，但对多年生杂草效果差。使用时应注意：①初次使用时，应根据不同气候带，进行小规模试验，找出适合当地使用的最佳施药方法和最适剂量后，再大面积使用。②果尔为触杀型除草剂，喷药要均匀周到，喷药后不要破坏药膜层，施药剂量要准。

（3）利谷隆

为选择性芽前、芽后除草剂，具有内吸和触杀作用，播后苗前及杂草出土前至3~4叶期用药，每亩用50%利谷隆可湿性粉剂100~125g，对水40~50kg均匀喷雾土表，可以防除多种阔叶杂草和禾本科杂草，如狗尾草、牛筋草、马唐、稗草、苋、藜、苍耳、铁苋菜、马齿苋、苘麻、猪秧秧、蓼等。使用时应注意：①土壤有机质含量低于1%或高于5%时不宜使用本剂。②沙质土壤或雨水多时不宜使用。

（4）伏草隆

为选择性内吸传导型土壤处理剂，播后苗前或移栽前，在杂草出苗前至1.5片叶期前用药，每亩用50%伏草隆可湿性粉剂100~200g（沙土用低量、黏土用高量），对水40~50kg均匀喷雾土表，可防除一年生禾本科杂草和阔叶杂草，如马唐、稗草、牛筋草、狗尾草、早熟禾、苋、藜、繁缕等。使用时应注意：配合灌水可提高药效。

4. 禾本科杂草为主的马铃薯田的茎叶处理

（1）高效盖草能

为选择性内吸传导型茎叶处理剂，在生长旺盛期，每亩用10.8%高效盖草能乳油40~50mL，对水40~60kg均匀喷雾杂草茎叶，可有效防除稗草、千金子、马唐、狗尾草、看麦娘、硬草、棒头草、狗牙根等禾本科杂草，但对阔叶杂草和莎草科杂草无效。

（2）精稳杀得

为选择性内吸传导型茎叶处理剂，于一年生禾本科杂草2~5片叶期使用，每亩用15%精稳杀得乳油30~60mL，对水40~50kg均匀喷雾杂草茎叶，能有效防除看麦娘、硬草、千金子、马唐、牛筋草、狗尾草、棒头草等禾本科杂草，同样对阔叶杂草和莎草科杂草无效。

（3）禾草克

为选择性内吸传导型茎叶处理剂，于一年生禾本科杂草2~5片叶期使用，每亩用10%禾草克乳油60~80mL，对水40~50kg均匀喷雾杂草茎叶。以多年生禾本科杂草为主的地块，在生长旺盛期，每亩可用10%禾草克乳油150~250mL，对水40~60kg均匀喷雾杂草茎叶。能防除稗草、千金子、马唐、狗尾草、牛筋草、看麦娘、硬草、早熟禾、棒头草、狗牙根等。

（4）拿捕净

为选择性内吸传导型茎叶处理除草剂。禾本科杂草二片叶至2个分蘖期用药，每亩用20%拿捕净乳油60~180mL，对水40~50kg均匀喷雾杂草茎叶。能有效防除一年生禾本科杂草如旱稗、狗尾草、马唐、牛筋草、看麦娘等，适当提高用量也可防除狗牙根等多年生禾本科杂草。

（5）威霸（噁唑禾草灵）

为选择性芽后传导型除草剂，防除一年生禾本科杂草如看麦娘、稗草、千金子、狗尾草、牛筋草等，于杂草出苗后2片叶期至分蘖期前用药，每亩用6.9%威霸乳油30～45mL，对水40～50kg均匀喷雾杂草茎叶。防除狗牙根等多年生禾本科杂草可于生长旺盛期用药，每亩用6.9%威霸乳油40～100mL均匀喷雾杂草茎叶。

（6）宝成

为选择性苗后除草剂，25%宝成悬浮液6 000倍可有效防除马铃薯田间杂草，对莎草、阔叶杂草、禾本科杂草均有很好的防除效果，行间喷雾较为安全。宝成持效期20～25d，建议马铃薯生育期施用二次，可有效控制杂草危害。

以上这几类的除草剂使用时应注意：① 喷雾要均匀周到，保证药效充分发挥。② 切勿喷到邻近水稻、麦子、玉米等禾本科作物上，以免产生药害。

参考文献

巩发永，王广耀，彭徐. 2018. 马铃薯食品加工技术与质量控制[M]. 成都：西南交通大学出版社.

贺莉萍，禹娟红. 2015. 马铃薯病虫害防控技术[M]. 武汉：武汉大学出版社.

吕建平. 2013. 马铃薯病虫害防治技术[M]. 昆明：云南教育出版社.

张炳炎. 2010. 马铃薯病虫害及防治原色图册[M]. 北京：金盾出版社.

张晨光. 2016. 马铃薯栽培与加工技术[M]. 天津：天津科学技术出版社.